意蕴万象——

乡村民宿室内陈设设计研究

张为民　罗丹荔　熊亚玲　著

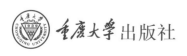

重庆大学出版社

图书在版编目(CIP)数据

意蕴万象：乡村民宿室内陈设设计研究 / 张为民,
罗丹荔, 熊亚玲著. -- 重庆 : 重庆大学出版社, 2024.
11. -- ISBN 978-7-5689-4868-5

Ⅰ. TU247.4

中国国家版本馆 CIP 数据核字第 2024AH2788 号

意蕴万象：乡村民宿室内陈设设计研究

YIYUN WANXIANG：XIANGCUN MINSU SHINEI CHENSHE SHEJI YANJIU

张为民　罗丹荔　熊亚玲　著

责任编辑：席远航　　版式设计：席远航
责任校对：刘志刚　　责任印制：赵　晟

*

重庆大学出版社出版发行

出版人：陈晓阳

社址：重庆市沙坪坝区大学城西路 21 号

邮编：401331

电话：(023)88617190　88617185(中小学)

传真：(023)88617186　88617166

网址：http://www.cqup.com.cn

邮箱：fxk@cqup.com.cn(营销中心)

全国新华书店经销

印刷：重庆永驰印务有限公司

*

开本：787mm×1092mm　1/16　印张：21.25　字数：431千
2024年11月第1版　　2024年11月第1次印刷
ISBN 978-7-5689-4868-5　定价：98.00元

近年来，随着我国美丽乡村政策的不断推进及乡村振兴政策的相继出台，乡村民宿发展迎来重要机遇，各地各色乡村民宿不断涌现。乡村民宿作为乡村建设的重要组成部分，不仅是乡村旅游的重要业态，也是带动乡村经济增长、助力推进乡村振兴的重要抓手，在促进乡村基础设施建设以及经济发展方面发挥了重要作用。

"望得见山、看得见水、记得住乡愁"是习近平总书记对于中国梦、美丽家园的一份期许，也是全国各地推进乡村振兴、发展乡村民宿产业的重要指导方针。民宿作为追寻失根的文化记忆与乡村情感的切实物质载体，开始拥有了扎实的精神内核与文化内涵。乡村民宿设计可以结合当地人文、自然景观，生态、环境资源及农林渔牧生产活动，为外出郊游或远行的旅客提供个性化住宿场所。乡村民宿要体现地域特色、民俗风情、乡土文化、人文精神等，除了应该有风景优美的选址、富有特色的建筑设计、舒适周到的服务等，也要有协调的软装陈设，这也是影响民宿设计关键的环节及因素之一，它承担着主题风格的呈现、建筑空间特色的凸显、民族风俗的表达、居客住宿品质的体验等重要作用。

本书以乡村民宿室内陈设设计基本概念及分类为引，以乡村民宿室内陈设设计原则与方法为基础，从乡村民宿室内陈设主流风格切入，选取了我国近些年十余例优秀乡村民宿案例，对其各功能空间室内陈设展开了详细论述分析。本书在最后，总结性阐述了当今乡村民宿室内陈设设计的现状及存在的问题，并从文化传承、低碳环保、情感体验、科技创新、商业公司与设计师素养等多个角度探讨了其发展趋势。本书资料力求翔实、丰富，共七章，分别为乡村民宿室内陈设设计的概念与方法、中式田园风格乡村民宿陈设设计、特色民族风格乡村民宿陈设设计、自然主义风格乡村民宿陈设设计、现代农舍风格乡村民宿陈设设计、工业混搭风格乡村民宿陈设设计、乡村民宿室内陈设设计的展望。本书旨在为广大读者特别是民宿开发设计者、室内软装设计相关从业人员、从事室内设计教育的教学研究人员、室内空间设计和环境艺术设计相关专业的院校学生提供一定的参考。

民宿所留存于人们心中的，是自然生长的山野诗意，是凝结于其间的乡土记忆，是一座城市的特色文化内涵，更是一段心灵安然栖息的美好体验。在乡村振兴的时代背景下，充分挖掘中国地域和传统文化特色，既能将乡村民宿打造成一道亮丽的乡村风景线，也能为具有中国特色的现代室内陈设设计提供一种新的发展潮流，从而为中国人民日益增长的物质文化需求提供优质的室内设计产品和服务。尽管编者编写本书付出了艰辛努力，但由于学术水平有限，难免挂一漏万，特别是对如何准确把握时代背景下乡村民宿文化创意产业发展趋势，以及如何在当代室内陈设设计中体现对华民族传统文化的理解和认识有待进一步深化，恳请广大读者和同行谅解和指正。

本书在编写过程中，参考引用了大量文献，在此向有关作者表示由衷感谢，同时衷心感谢重庆大学出版社在本书出版过程中给予的大力支持，衷心感谢在本书编写过程中所有给予关心、帮助和支持的人们。

著 者

2024年2月

目 录 ⟩⟩⟩

第一章
乡村民宿室内陈设设计的概念与方法

　　在过去的十几年间，全球的家庭式旅馆和精品酒店（这里统称民宿）的数量迅速增长。这些建筑以其细致入微的设计和鲜明的特色吸引了我们的目光，成为现代人寻找心灵慰藉的避风港。如今的旅行者和度假者不再追求标准化的住宿体验，而是渴望那些能提供家一般的舒适感受以及一些独特体验的住所。这种新型的旅馆更新了我们对历史、文化、美学、空间连接、社交互动和自然感知的理解。

乡村民宿室内陈设设计的概念

一、乡村民宿的定义与历史回溯

（一）乡村民宿的定义

中华人民共和国旅游行业标准《旅游民宿基本要求与评价》（LB/T 065—2019）对"民宿"的定义是：旅游民宿是指利用当地民居等相关闲置资源，经营用客房不超过4层、建筑面积不超过800平方米，主人参与接待，为游客提供体验当地自然、文化与生产生活方式的小型住宿设施。

2013年，中央提出要实现城乡一体化，建设美丽乡村，造福乡亲，目标是实现未来城镇化70%以上，绝不能让乡村成为荒芜、留守之地、记忆中的印象符号，要保护好传统古村落。要缩小城市化进程中出现并逐步扩大的城乡差距，让人们共享国家复兴的成果。因此，乡村振兴成为许多学术研究和政策制定的关注点。

近年来，随着美丽乡村政策的不断推进，乡村旅游消费市场规模逐步扩大，为乡村旅游的快速发展打下了良好的基础。同时，这一政策也改善了农村经济形势的单一性，为乡村自然环境和人文资源的保护与开发提供了必要的基础。根据中国社科院发布的《中国乡村旅游发展指数报告》，2016年是中国乡村旅游变革的一年，乡村旅游迅速发展。2019年，国内乡村旅游接待人数达到30亿，相比2018年增长了10%。然而，2020年上半年受疫情影响，乡村旅游人数减少至12.07亿。但2021年，全国乡村旅游游客累计达到86亿人次，较2020年增长了55.5%。在美丽乡村建设政策的推动下，乡村旅游在未来几年内还将持续发展。

乡村民宿是一种特殊的住宿业态，它位于乡村或农村地区，提供家庭式的旅舍服务。作为一种流行的旅居形式，乡村民宿具有多样性和个性。除了常见的饭店和旅社，其他提供旅客住宿的接待场所，如民宅、休闲中心、农庄、农舍、牧场等都可以归纳为民宿。乡村民宿的独特性在于它依托传统的家庭格局和个性化服务运营，同时融合了乡村地区的自然环境和文化特色。这种住宿方式不仅为旅客提供了一个住宿场所，更提供了一个深入体验乡村生活和文化的机会。

乡村民宿通常规模较小，强调个性化和提供优质客户体验。与传统的酒店不同，乡村民宿利用乡村地区的自然资源和工艺品，为游客提供独特的旅游体验。游客可以在这里品尝家庭烹饪的美食、参与农事活动并了解当地的民俗和文化。乡村民宿让游客能够亲近自然、体验乡村生活,同时追求居住过程中的舒适感受。这种住宿形式强调环境的宁静与自然之美,它还与可持续旅游的概念紧密相关,在促进当地经济发展、保护环境和文化传承等方面具有独特作用。

(二)乡村民宿的历史回溯

世界各地民宿兴起的过程,因环境与文化生活不同而略有差异,但脱离不了旅行者们对旅宿空间的需求。在德国和日本,因一些旅游观光区附近住宿设施不足,游客选择投宿民宅,产生了德国民宿和日本民宿;而英国比较特别,政府制定了业主须维持农业历史遗产的政策,同时也鼓励业主利用民间空闲房间为客人提供床铺和早餐,这种民宿称作B&B(Bed & Breakfast);美国民宿以居家式民宿或青年旅舍为主,因随意的家居布置和主人热情的服务深受广大游客的喜爱。

1.英国乡村民宿

英国乡村民宿起源于中世纪时期,以朝圣者住宿的教堂和修道院为主要经营场所。随着17世纪商业旅行和家庭旅游的兴起,私人家庭开始为过路的商人和旅行者提供住宿和早餐服务。这标志着更加个人化和家庭式的民宿模式初步形成。到了20世纪后半叶及21世纪初,旅游业不断发展和客人需求不断提升,乡村民宿的设施与服务也更加追求个性化、专业化与现代化。

当今,英国乡村民宿已经成为英国旅游业的重要组成部分,它们不仅为游客提供住宿服务,还提供深入体验英国乡村文化和生活方式的机会。从简朴的家庭住宅到豪华的乡村别墅,英国乡村民宿在保持其传统魅力的同时,也在不断融入现代元素,以满足不同游客的需求。

英国乡村民宿(组图)

2.法国乡村民宿

法国政府为了保存历史文物古迹和农家生活文化,鼓励当地民宿保留古老农庄的原型,让游客充分感受法式田园乡村氛围。从诞生至今,法国乡村民宿已成为全球旅游者体验法国田园风光和文化的重要方式。

法国乡村民宿的起源可以追溯到几个世纪前。最初,法国乡村民宿主要为旅行的商人、朝圣者或远足者提供基本的住宿服务,为过往的旅人提供庇护所,以家庭经营的小规模设施居多。20世纪中叶以后,随着全球旅游业的蓬勃发展和人们对度假旅行需求的增加,法国乡村民宿开始得到更加广泛的认可和发展。许多家庭开始改造自己的农舍或乡间别墅,为游客提供具有传统法式乡村风味的住宿环境。法国乡村民宿用房的形式多种多样,从村野农庄到乡村城堡应有尽有。这些民宿不仅提供宿泊服务,还提供地道的法式美食、葡萄酒品鉴和文化体验活动,如烹饪课程和艺术工作坊等。

法国政府为了确保乡村民宿的服务质量和安全标准,要求乡村民宿经营者加入公认的民宿联盟(协会),同时提供多样的资金补助,其中最大的联盟——法国度假宿所联盟是一个非营利组织,遍布全法国。

法国乡村民宿(组图)

3.日本乡村民宿

日本乡村民宿是起源较早且发展较完善的国家,发源地为伊豆半岛与白马山麓,因当地独有的自然景观和地域特色被大批旅游者青睐。乡村民宿在日本虽有近百年的历史,但其真正的繁荣时期是在19世纪70年代。日本现代用语对于农业旅游的解释为"农业旅游为农林水产省（即农业部）在泡沫经济后推动的农村度假开发方式。"泡沫经济使日本旅游业从大规模的开发型度假模式转为以家庭为单位的为旅客提供住宿的新型旅游模式，并且农业体验是乡村民宿的主要卖点和特色。

日本乡村民宿主要分为农场旅宿和洋式民宿两类。日本乡村民宿与旅馆的最大差异在于乡村民宿强调大众化的合理收费与自助服务，设备虽不豪华，但特别注意安全与卫生设备条件；服务虽不精致，但极富有家庭氛围、乡土气息及人情味。此外，乡村民宿经营者也非常重视天然资源，除了搭配当地文化特色，提供住宿与餐饮外，更注重开发娱乐、休闲、运动等功能，让住客能够充分享受悠闲的住宿环境。

日本乡村民宿（组图）

4.中国乡村民宿

伴随着中国经济的快速发展和城乡居民休闲观念的转变，城市居民对返璞归真的乡村生活越发向往，越来越多的农家开始开放自家院落，提供食宿服务，逐渐形成了今天的乡村民宿模式。现代意义上的中国乡村民宿起源于20世纪末，进入21世纪中国乡村民宿经历了快速发展。政府大力推动乡村旅游和乡村振兴战略，乡村民宿成为促进乡村经济发展、传承地方文化的重要途径。在这一过程中，许多地区的乡村民宿开始结合当地的文化特色进行经营，如传统手工艺、农耕体验、民俗风情等，为游客提供独特的旅游体验。与此同时，随着市场需求的日益多样化，中国乡村民宿也在不断创新和升级。许多乡村民宿开始引入现代化的设计理念和管理方式,提供更加舒适便利的住宿环境,同时保留乡村的自然风光和传统韵味。

如今的中国乡村民宿已经成为连接城乡经济、促进文化交流的重要业态。它不仅为游客提供了深入体验中国乡村生活的机会,也为当地居民创造了经济收益,助力乡村振兴。中国乡村民宿的发展历程不仅反映了中国旅游业的成长,也体现了民众对中国传统文化的传承和创新,成为中国特色乡村旅游的重要组成部分。

在可持续理念的推动下,现代乡村民宿更加注重环境保护、社区参与和文化传承,不仅提供住宿服务,还组织地方文化体验、农业活动参与和民间户外休闲活动等。同时,互联网技术和社交媒体的普及也促进了民宿的宣传和预订,提高了中国乡村民宿在全球旅游市场中的可访问性。

中国乡村民宿(组图)

二、乡村民宿室内陈设设计的定义

室内陈设也称摆设、装饰,俗称"软装饰"。在当今社会,人们也常常称室内陈设设计为"软装饰设计"。近年来"软装饰"一词在家居设计、家纺等领域高频率地出现。随着我国人民物质生活水平的日益提高,人们对环境空间的要求不再局限于功能性,对品质的需求日渐增长。"重装饰、轻装修"已不再是一句口号。为了顺应市场潮流,2016年9月26日成立了中国建筑装饰协会软装陈设委员会,以适应当前和未来中国社会对室内装饰行业发展变革的新要求,研究解决行业发展过程中出现的各种问题,指导和引领软装行业走上健康快速发展的轨道,促进软装行业在新形势下规范化发展。这也从侧面反映出室内陈设设计在室内设计中愈加重要,人们开始对陈设设计有了更深的认识和更多的需求,行业也开始逐步受到重视并走向规范化。

"乡村民宿软装"是指运用整体软装设计理念将软装单品搭配在乡村民宿空间当

中。近年来,由于乡村民宿与乡村旅游业的紧密联系,乡村民宿不仅是单一的旅游住宿,优秀的乡村民宿会自主发展成为乡村旅游资源,这使得乡村民宿的优化设计改造成为主流需求,软装美化设计改造是其中的一部分。

乡村民宿空间将居住性空间与商业性空间结合起来,包含室内空间中的客住空间、公共空间、办公空间和私人空间,以及景观空间中的客住庭院、公共空间庭院和私人庭院。乡村民宿软装改造一般根据以乡村地域文化特色为首的整体空间融合特征和以人为本的功能特征,制订整体软装设计搭配计划或添加软装单品设计制造计划,并付诸软装装配实施,后期会提供维护、改进咨询和装配服务。

当前,大部分学者公认的"软装饰"包含两个含义:一是在室内空间的各个界面装修完成之后,剩余的那些方便更换、移动的装饰品或陈设,比如家具、陈设品、工艺品、灯具、植物、窗帘等;二是一种行为,它注重人对室内"软环境"的追求,致力于通过软装修创造出一种亲切、自然、柔和、有个性的空间,从而使人在精神上得到满足。所以,软装饰不仅是指在室内环境中陈设配置的装饰物,更是指在室内环境中施展的设计手法与设计理念。

在室内空间中,占主体地位的是陈设品,同人的关系最密切的部分也是陈设品。一般将其理解为摆设品、装饰品、艺术品,也可理解为对物品的摆设布置、装饰搭配。室内陈设通常包括家具、灯具、织物、饰品、绿植等要素。中国室内装饰协会设计专业委员会顾问赵健教授这样解读陈设:相对于装修,陈设更接近于"装置",由"修"到"置",共性的赋予转变成了自由个性的追求,诠释着人们对待当下生活的态度。从某种意义上来讲,家居软装陈列设计艺术是设计师和设计行业开始关注人们内心深处的渴望和呼声的体现,是以人为本的设计理念的体现。

装修后效果

室内陈设后效果

室内陈设设计即在基础装修完成之后,设计师根据空间类型、环境特点、功能需要、审美需求、使用对象要求、工艺特点等要素,运用家具、灯饰、布艺、雕塑、绘画、植物等配饰对室内空间进行陈设与装饰,精心设计出的舒适美观、富有艺术品位、满足个性化需求的设计。室内陈设设计是从专业角度对软装产品进行的规划与设计,是在室内空间环境装修完成基础上进行的深化与升华,是使整个空间更加个性化和人性化的设想与规划。

室内陈设设计   人性化、个性化设计

三、乡村民宿室内陈设设计的意义与目的

室内陈设可移动、易更换,可随时灵活地根据时尚潮流与使用需求进行调整。因此,"软装饰"更适合现代生活的节奏,更能满足人们多元化的物质和精神需求;缩短装修时间;使室内空间更简易、更多变、更理想化。其中,环保生态设计对身心健康也更有保障。

室内"物质建设"   室内"精神建设",文化艺术性的承载

随着经济的发展及生活水平的不断提高,人们对家居环境提出了新的要求,在室内空间环境的物质建设与精神建设两方面,陈设设计更突出精神建设,更强调文化品位,更注重艺术性、个性化与人性化。软装不仅是硬装的延伸和锦上添花,也是文化艺

术的承载者。完善室内空间,强化空间视觉感受,满足人们的审美需求,展现出空间的独特气质与内涵,是室内陈设设计的目的所在。

个性化室内软装饰　　　　　　　　　　　　　　艺术化室内软装饰

四、乡村民宿室内陈设设计的作用

陈设设计能够美化、改善空间环境,以冲淡和柔化工业文明带来的冷硬粗粝感,烘托空间氛围,使人们性情得到陶冶,精神寻求到寄托;能够充分利用不同陈设品所展现出的不同性格特点和文化内涵,使单调、枯燥、静态的环境空间变成丰富的、生动的、充满情趣的空间,从而满足人们的个性化需求。

陈设设计是对空间中所有可移动的物品进行组合创作的艺术表现形式,搭配设计的过程可以塑造空间内独特的风格,成为室内设计中最活跃的点睛之处。陈设艺术不单是室内点缀,它扮演着传达空间内涵的重要角色,是烘托空间精神气质、营造意境的设计,与空间设计一脉相承。它有着崇高的设计目的——为现代人创造宜居的美好空间。

(一)烘托室内氛围

在室内环境中,陈设是烘托空间氛围、营造空间意境的一种比较直接有效的手段。这种手段能令空间有明确的指向,让人产生共鸣并沉浸其中。不同的室内陈设品对烘托室内环境氛围起着不同的作用,欢快热烈的喜庆氛围、亲切随和的轻松氛围、深沉凝重的庄严氛围、高雅清新的文化艺术氛围等都可以通过不同特色的陈设品来创造。例如,医院的陈设大多色彩淡雅、质感柔软,可以安抚人们焦虑、不安的心理;而商场的陈设大多比较活泼、休闲,可以为人们提供轻松愉悦的购物环境。

医疗空间色彩淡雅、治愈,无过多装饰,整个空间轻松、舒适

商场陈设较为夸张,色彩艳丽,营造梦幻、活泼的氛围

(二)改善空间形态

室内陈设是组织空间的一种方式,具有空间过渡与引导、隔离与限定、联系与流动等功能。例如,可以利用家具、织物、绿化等陈设品来进行划分,从而创造出第二个空间,这样不但可以让空间的用途更加合理,还可以让内部空间更加具有层次感。

1.用家具来划分和连接室内空间

在现代建筑中,为了提升内部空间的利用率和灵活性,经常会使用能够进行二次划分的大空间,而使用家具划分是二次划分的一种重要方式。家具构成了一定的围合区,划分出各个功能空间的界限,提高了空间的独立性与隐私性。

餐厅、客厅一体化的空间,利用沙发、餐具将空间进行划分

低矮的家具、屏风、纱帘、镂空隔断等能够将空间分割开来,在合适的情况下阻挡视线的直视,却又能够让它们互相透视,最终构成一个半开放的空间,强调出空间的流动性和连续性。

独立式中岛限定厨房空间的同时与客厅形成衔接　　　　置物架遮挡、划分空间格局

2.通过织品来分隔和连接内部空间

织品能产生象征意义的空间，又被称为"自发空间"。在一个空间里铺设地毯，或者铺设不同质地、颜色的地板，就会在视觉上和心理上产生一种领域感。在地毯之上的空间构成了一个活动单位，有时候也构成了空间的焦点。

地毯装饰室内空间，与沙发形成搭配　　　　　　　　地毯划分就餐空间

（三）柔化室内空间

现代城市钢筋混凝土的空间给人以单调、冷硬、缺乏人情味的感受，致使人们期盼向往柔和、闲适的自然境界，强烈寻求个性的舒展和张扬。而此时，织物、植物、家具、灯具、工艺品等陈设物的介入，无疑给空间增添不少生机与活力。

织物一般质地柔软，手感舒适，易于产生温暖感，让人亲近；天然纤维棉、毛、麻、丝等织物由于全部来源于自然，更易于创造出富有人情味的人造自然空间，从而有效地缓和室内的冰冷感与生硬感，起到柔化室内空间的作用。

窗帘、地毯、抱枕等布艺柔化室内空间　　织物打造温暖的空间氛围

亲近回归自然是人类的天性,植物作为自然的一部分,被大量运用到室内空间中。室内的绿化不仅能改善室内环境,同时也是设计师用来柔化空间、增添空间情趣的一种手段。酒店或购物中心的中庭,如果陈设一组室内树木绿化,甚至搭配上山石瀑布,就会给室内环境带来生机与活力,在这样的环境下,人们的心情得到了放松,视觉和心理需求得到了满足,就会流连忘返,产生美好深刻的印象。

绿化点缀空间　　大型绿化美化、净化购物空间,使空间充满生机

(四)调节环境色调

环境中最先映入我们视觉器官的就是色彩,最具有渲染力的也是色彩,色调的选择与搭配直接影响人的心理感受和情绪变化,因此室内色调是决定空间情调和气氛的重要因素,而陈设品能有效地调节室内色调。选择色彩合适的室内陈设,使其与整体环境色彩和谐统一,不仅能美化环境,还有利于身心健康。

棕色色调成熟稳重　　　　　绿色色调活泼生机　　　　　粉色色调浪漫梦幻

　　在选择陈设品的颜色时，要注意用户的需求。人们对颜色的感知是很复杂的，不同的人对颜色的情感偏好不一样，年龄、性别、文化修养、信仰、社会意识，以及所生活的地域环境，都会使个人对色彩的审美感受不同。比如，用户如果是一个性格比较活泼的人，可能偏好一些比较鲜明的颜色；用户如果性格安静，那么就可能偏好一些比较淡雅的颜色；年轻人喜欢对比色，中老年人偏爱调和色等，不尽相同。一般来说，随着年龄的增长，人们会逐渐偏好明度较低、纯度较低的色彩，孩子们更喜欢明亮、具有跳动感的色彩；年轻人更喜欢流行色，老年人更喜欢深色或灰色色调。品位在室内装饰的总体气氛上，中老年群体偏爱安静、色彩差异小的内部空间，风格上以温暖、宁静为主；中年人喜欢简单、优雅、统一的室内气氛，所以他们喜欢在室内布置一些做工精良、材料精致的装饰，这些装饰可以体现出使用者的生活品位，比如红木家具、高档大理石、茶具等；年轻人喜欢追逐潮流，更加关注陈设品的个性时尚、新奇趣味程度，房间里的颜色以明快为主，喜欢使用鲜艳的颜色和对比色。

多种色彩装饰室内空间　　　　木制色调装饰室内空间

（五）强化室内风格

室内空间风格多种多样，因此，如何选取和配置陈设，将直接影响室内空间的风格。由于陈设品在造型、色彩、质地等方面都有鲜明的个性特点，可以突出和强调室内空间的风格主题。各国在其长期的发展历程中，形成了各自独特的文化，因此民众在精神、气质、审美、思想等方面存在差异。所以，各国民众偏好使用的室内装饰设计不同，从而产生了不同的设计风格。

中式风格的室内装饰讲究意境，以物烘托出"心境"，构思巧妙。房间大部分都是对称布置，主要用自然材料木材进行装饰，整个房间的气氛格调优雅，颜色明亮而又协调，追求通过传统古典的象征手法表现中国"雅"的气质与风范。欧洲的古典建筑室内风格以巴洛克、洛可可及新古典主义为代表。巴洛克的庄重华丽、洛可可的纤巧精致都反映了当时的时代审美，在欧洲设计史上留下了闪光的印记；而新古典风格则摒弃了巴洛克与洛可可所推崇的繁复装饰，主张运用简化的手法、新材料、新工艺、新技术去诠释传统文化的精神内涵，具有端庄、雅致的时代特征。

巴洛克风格室内设计　　　　　　　　　　洛可可风格室内设计

（六）体现地域文化

人类创造文化，这是人类超越自然界的地方。人们有意识地改造世界，有意识地装饰空间，有意识地创造陈设。人类所创造的物质世界是风俗与文化的载体，通过历史保存下来的室内空间中的陈设物，我们可以看到人类的历史与文明。

不同国家地域的文化是不同的，所以居住空间陈设的内容所表现出来的文化内涵也大相径庭，这又与风格联系紧密。陈设艺术具有典型的民族地域特色，不同的地域、不同的民族、不同的生活习惯会形成不同的陈设装饰风格。"设计文化"意在让人类找到重新认识自己的机会，陈设设计应根据地理位置与地域文化针对性地使用设计方法与理念。

中国是个多民族的国家，历史悠久，幅员辽阔。由于历史变迁、地理环境、宗教文化、风俗习惯等各方面不同，中国的各个民族在建筑形式、室内装饰风格，以及陈设布置等方面都有不同的特点,从而产生了丰富多彩、各具特色的民族民间陈设艺术。

陈设点缀室内空间　　　陶瓷陈设　　　　　　中式竹制编织陈设

(七)表述个性爱好

陈设品的选取和布局,既可以反映出居住者的职业特点、个性爱好,又可以反映出其修养和品位,同时也是表达自我的方式。格调高雅、造型优美、带有某种文化意蕴的陈设品,可以让人赏心悦目,陶冶人的情操,这时陈设品就已经超出它自身的审美范畴,为室内空间注入了精神价值。

个性化的陈设空间是个性化形式语言的体现,可以反映主人的身份地位、兴趣爱好及文化品位等,同时也潜移默化地影响人们的生活方式、提升人们的精神情趣。而陈设物品的风格与样式,不管是在内容上,还是在形式上,都可以将居住者的思维个性及文化底蕴展现出来,并诠释出空间的风格审美及精神意趣,从而展现空间独有的气质及个性。

画架　　　　　　　　　唱片机　　　　　　书籍

乡村民宿室内陈设的分类

一、按构成要素分类

根据民宿室内空间构成要素来分类,室内陈设品大体可分为室内家具陈设、室内灯具陈设、室内织物陈设、室内艺术品陈设、室内日用品陈设、室内植物陈设。

(一)室内家具陈设

家具是室内环境中实现具体功能的主体,是满足人们生活需求的产物。家具的尺度、比例等直接影响室内环境的舒适性;家具的造型、风格、色彩和材质直接影响室内空间氛围与意境的营造,因此,在民宿室内空间中,家具的设计、选择和布置是室内陈设设计的重要任务之一。一般家居陈设设计首先确定家具的样式风格,再选择其他陈设品来辅助配合家具,目前市面上的大部分家具同时具备功能性和装饰性,为民宿室内设计提供了丰富的选择和灵活的应用空间。

在民宿环境中,家具的选择不仅要考虑实用性,还要考虑创造独特的住宿体验。家具设计的每一个细节,从尺寸比例到视觉呈现都要根据需求进行考量,以确保既满足功能需求,又能够打造出富有特色且舒适的居住环境。

家具的布置应当遵循空间布局的设计原则,家具的摆放要考虑具体的室内空间格局。选择的家具既要满足居住者对舒适度及实用性的要求,还要能体现室内的整体设计风格。不仅如此,室内不同空间选择的家具也要统一和相互呼应。

室内设计内景

在室内设计中,家具的设计应该考虑人体的舒适和健康,以提供最佳的使用体验。人体工程学是研究人体与物体之间相互作用的科学,其原则可以应用于家具设计,以确保家具能够满足人们的生理和心理需求,减少不良的姿势和姿态对身体健康的潜在影响,提高人们的生活质量和工作效率。

家具的合理布置决定了空间使用的合理性。

首先,测量要布置的空间尺寸,以便选择适合的家具尺寸。

餐饮空间

办公空间

其次,确定每个空间的功能。不同的房间可能需要不同类型的家具,例如客厅需要沙发和咖啡桌,卧室需要床和衣柜,办公室需要工作台和椅子等。根据空间的尺寸和功能,设计一个合适的布局。考虑家具的放置方式,确保通道畅通,避免拥挤感。家具的比例应与空间相匹配。在大空间中使用大型家具,在小空间中使用小型家具,以保持整体的均衡。

卧室陈设布置　　　　　　　　　　客厅陈设布置

　　最后,在每个房间中选择一个视觉重点,如装饰墙、艺术品或独特的家具。这有助于吸引注意力并增加房间的美感。在家具布置时,利用墙壁空间来摆放架子、书柜、悬挂艺术品等,以最大限度地利用空间。选择家具的风格应与整体装饰风格相匹配。一致的风格可以使房间看起来更统一和谐。不要填满每个角落,留出一些负空间可以增加房间的开放感。

亮色灯饰点缀空间　　　　　　　　LED灯带装饰空间,同时加强视觉中心

(二)室内灯具陈设

　　在民宿室内设计中,灯具的选择和布置是形成特定空间布局与风格的关键因素,不同类型的灯饰适用于不同的空间和环境,根据每个空间的功能、氛围和设计风格来选择适当的灯具可以提升房间美感、照明效果和氛围。

	适用空间	选择	功能和用途	图例
主照明 （环境照明）	客厅、餐厅、卧室、起居室、大堂等需要整体照明的区域	吊灯、吸顶灯、筒灯等主照明灯具。	主照明是房间的主要照明来源，用于提供整体的基本照明。吊灯、吸顶灯、筒灯等都属于主照明，可以使整个房间得到均匀的照明。	
局部照明	阅读角落、工作台、餐桌、厨房工作区等需要集中照明的区域。	台灯、壁灯、落地灯等局部照明灯具。	局部照明用于特定区域或特定任务的照明。它可以帮助集中光线在需要的地方照明，如台灯、壁灯、地灯等。	
装饰照明	客厅、餐厅、走廊、入口等需要增加装饰性的区域。	吊灯、壁灯、各种独特设计的灯具等。	装饰照明强调的是灯具本身的设计和视觉效果，它可以成为房间的装饰元素。吊灯、吸顶灯、各种造型的台灯和壁灯等都可以用作装饰照明。	
功能照明	书房、厨房、浴室等需要特定任务照明的区域。	台灯、筒灯、镜前灯等。	功能照明是为特定任务而设计的，如阅读、烹饪、化妆等。它通常是局部照明的一种，如床头灯、厨房下方的筒灯等。	
壁挂照明 （壁灯、壁挂吊灯）	走廊、卧室、客厅等需要柔和的间接照明的区域。	走廊或走道：壁灯的安装高度通常在离地面1.5~1.8米的高度，可以提供柔和的间接照明。 卧室：壁灯可以安装在床头上方，通常在离床面30~45厘米的高度。	壁挂照明是安装在墙壁上的灯具，可以为房间增加一些间接的、柔和的光线。壁灯和壁挂吊灯都属于这一类别。	

照明形式分类图

	适用空间	适宜高度	功能和用途	图例
吊灯 （吸顶灯）	客厅、餐厅、大堂、走廊等需要垂直照明或吸引注意的区域。	客厅：一般吊灯应该安装在离地面约2.2~2.7米的高度，使其在头顶上方提供均匀的照明。 餐厅：吊灯可以安装在餐桌上方，距离桌面75~90厘米的高度，以确保光线能够均匀地照射到餐桌。	吊灯悬挂在天花板上，通常用于提供主要的环境照明。它们可以在大小、形状和材质上有很大的变化。	
台灯	书房、卧室、客厅、办公室等需要局部照明的区域。	阅读角落：台灯通常应该在阅读位置的旁边，距离阅读材料约45~60厘米的高度。根据任务需要和装饰风格，选择不同类型的台灯。	台灯通常放置在桌面上，用于提供局部照明，如阅读或工作。它们有各种形状和设计，适合不同的风格和用途。	
落地灯	客厅、餐厅、大堂等需要提供局部照明或装饰效果的区域。	客厅：落地灯可以放置在离地面约1.5~1.8米的高度，以提供柔和的局部照明。	落地灯是较高的自立式灯具，可以提供较大范围的光照。它们适用于大空间或需要较强局部照明的场合。	
投射灯	画廊、商店、景观等需要特定物体或区域照明的场所。	艺术品或装饰品：投射灯可以根据需要在30~45度的角度安装，以突出特定的物体或区域。	投射灯主要用于照亮特定的区域，如画廊、商店或景观。它们可以用来突出特定物体或景观特点。	

灯具类型分类图

在室内空间中,灯具陈设不仅可以起到照明作用,还可以通过光影塑造室内空间的氛围、丰富室内空间的层次。灯具应根据室内设计风格而定,选择在造型、质感等方面符合空间风格和氛围的灯具。室内灯具除在造型、质感等层面具有装饰效果外,也可在灯光层面营造美感。首先可以通过选择光照的色彩、强度、冷暖,营造不同的室内氛围,表达不同的使用功能,如居室空间的餐厅可以布置橙色、红色等暖色光,以营造热烈明亮的餐饮气氛,卧室可以布置淡黄色、蓝色灯光,以营造宁静、温馨的休息氛围;其次可以利用灯光突出空间重点,强调主次关系,丰富空间层次,如一些艺术品、收藏品等具有一定艺术观赏价值的陈设品就需要灯光的配合来突显其美感价值;再次还可以通过光与影的特性来表达空间所要传达的意境,例如射灯投射在富有造型的植物枝叶之上,更能传达空间的层次感与禅意,商业空间中可以利用射灯将Logo、文字或图案投射在墙或者地面上,既能传达信息,还能增加趣味性;最后还可以利用连续的光线起到引导路线的作用。

(三)室内织物陈设

在民宿室内装饰中,织物作为一种改造性和装饰性的装饰元素,发挥着至关重要的作用。织物在现代装饰陈设中应用广泛,而且它不受建筑物的约束,因此具有很大的设计弹性;同时,它还可以随时进行更换与调整,从而使空间的风格主题更加多样、灵活。

织物包括窗帘、床罩、沙发罩面、靠垫、地毯、壁挂、帷幔、织物屏风、织物灯罩等。织物不仅可以起到遮蔽、隔声隔热、调节光线等作用,还可以通过自身的色彩、图案、纹理和性能等,对室内装饰中生硬的、冰冷的线条进行柔化,对室内空间进行分隔,使室内环境看起来温暖舒适,充满人情味。同时,在民宿环境中,织物的季节性和时尚性极受重视。与人们随季节更换服装相同,室内装饰对织物的选择也可以根据季节变化进行调整。比如我们在夏季选择蓝色、绿色等冷色调的丝绸、麻布做罩面,会让人觉得清爽舒适;在冬天选择红色、橙色等暖色调的棉料和羊毛料,可以给人温暖的视觉和触觉感受。通过这种季节性的景观调整,民宿不仅能够适应不同季节的需求,还能够实地刷新其室内环境,为客人提供多元化和时尚化的住宿体验。

室内空间织物搭配一

室内空间织物搭配二

在我国的社会发展史中，织物一直占据着很重要的地位，我国的纺织技术也一直领先于世界水平。一直到现在，丝织品、棉织品、麻织品、毛织品等都在社会生活中扮演着重要的角色，尤其在室内设计的陈设中发挥着无可替代的作用，装扮丰富着我们的室内空间和生活环境。织物陈设是室内陈设的重要组成部分，随着经济技术的发展、生活水平和审美趣味的提高，人们对陈设品的要求也在不断提高。由于纺织品的质地、图案、色彩和设计独特，能给室内空间带来自然、柔软、亲切和轻松的感觉，因此越来越受消费者的欢迎。织物在民宿室内设计中的作用不仅仅是功能性的，更是一种审美和情感表达的重要载体。

千鸟格花纹布艺　　　　　　　　　　大马士革花纹布艺

米色系布艺　　　　　　　　　　丝绒布艺

在室内陈设设计中，织物和家具相互衬托。在织物的选择上要遵循美的法则，织物要与家具的材质相互协调，并且要与整体的住宅室内设计风格相匹配，注意织物与家具色彩的搭配。家具的覆盖织物，如沙发布艺、桌布、沙发毯等，若与家具搭配得当，可以更好地烘托出家具的质感。例如，棉麻织品、毛线织品、草编织品与简约现代的家具搭配可以营造出一种自然素朴的室内空间美感。

布艺软装搭配方案一　　　　　　　　　　　　　　布艺软装搭配方案二

（四）室内艺术品陈设

民宿的室内空间设计往往通过具有地域特色的艺术品来表现当地的文化和风俗，这不仅提升了空间的美学价值，也丰富了用户的空间体验。这些艺术品可以分为两类：实用性艺术品和观赏性艺术品。

实用性艺术品包括艺术价值较高的陶瓷器皿、竹藤编织物等，它们本身可以满足人们的日常需要，同时也有装饰作用。在民宿设计中，此类艺术品既实用又美观，能够在功能性和美观性之间达到完美的平衡。例如，一套精美的陶瓷茶具不仅可以供客人使用，还可以作为一件艺术品陈列在大厅中，增添一种艺术氛围。

陶瓷器皿　　　　　　　　　　　　　　　　　编织器物

而以观赏性为主的艺术品，包括名人字画、盆景、插花、雕塑、挂盘、壁饰等，更注重提升视觉和审美体验。这些艺术品通常被放置在民宿的显眼位置，如客厅中心、走廊楼梯或卧室的对接空间，不仅能美化空间，也能为住宿者提供欣赏和思考的机会。

装饰画、绿植   插花

　　艺术品在我国具有悠久的历史,在室内设计中,它能体现我们民族的文化传统和习惯,如原始社会的彩陶器皿,商周的青铜器,春秋战国时期的漆器,秦汉的瓦当,唐代的三彩陶俑,宋代的青、白瓷,元代的文人画,明清的泥塑等。民间亦有各种各样的传统民俗文化工艺品,有北京的景泰蓝、陕西的剪纸、广东的刺绣、福建的漆器等,它们构成了民族民俗文化的一部分。这些民间工艺品在内容、题材、制作工艺、欣赏价值等层面对民居室内陈设产生了深刻的影响,它们能够让房间呈现出庄重、典雅、华丽、质朴等不同的氛围,也能够体现出不同的民族、地区和时代的特点,还能反映出主人的审美情趣、生活阅历和文化素养。如果将艺术品布置得恰到好处,能够让房间拥有较高的品位,更重要的是,艺术品还是室内文化气息的强大载体,能够激发人的联想,培养人的情操,还拥有很强的精神能动性。

　　装饰品的陈列布置要遵循空间布局的设计原则,注意装饰品的造型色彩、比例尺度在室内空间中的布局是否得当,同时要考虑饰品与室内设计风格的关系。装饰品的选择同样要与室内设计风格相统一,不要随意摆放,否则不仅不能体现艺术品的价值,还会使室内空间杂乱无序。

　　比如在用饰品营造家居空间氛围的过程中,软装设计师要在充分考虑客户需求的前提下,利用艺术品体现乡村民宿空间的独特魅力。这些艺术品的布置不仅是对室内美学的一种强调,也是对主人品位和情感的一种呈现。在乡村民宿中,艺术品的选择和布置应注重体现乡村的自然和文化特色,如选用当地的传统手工艺品、自然景观画作或与乡土文化相关的雕塑。这些艺术品不仅应成为视觉焦点,还应与整体室内设计风格和色彩方案协调一致,增强空间的整体感。

装饰画点缀空间色彩

　　在收藏艺术品时，选择数量和搭配方式时应考虑空间的大小、光线、色彩和家具布局，避免过多或过少的装饰物，保持空间的平衡和协调。例如，在宽敞的大厅可以选择一件大型的艺术品作为焦点，而在较小的房间则应选择更方便、小巧的作品。

　　总而言之，艺术品的陈设应体现乡村民宿的特色，同时与整体的室内设计和谐统一，创造出既具有艺术美感又能反映乡土特色的居住空间。

装饰画、绿化装饰室内空间

大量绿植点缀空间清爽氛围

　　同时，一些装饰品本身也具有一定的含义，所以要考虑作品的含义是否与室内空间的整体风格相统一，还要注意其与空间的尺度比例、色彩、造型等是否相配。

例如,现代风格的绘画或摄影作品、雕塑陈设品适合摆放在现代风格的室内空间中,色彩浓郁的油画、造型独特的青铜雕塑,与大理石墙面、皮革沙发搭配,可以营造出简约典雅的室内空间,同时能够彰显居住者的个性与品位;中国的书法、水墨画、古董佛像则适合摆放在中式风格的室内空间中,可营造出一种典雅、古朴的室内氛围。

雕塑装饰空间

色彩浓郁的油画装饰室内设计

景观小品营造典雅氛围

有些居住者喜爱收藏名贵的艺术品,这类艺术品的陈列更为考究,要考虑到位置、光照、背景衬托,甚至是室内温度等方面,要根据艺术品的特点来选择适合陈列的最佳位置,部分名贵艺术品可将其放置在玻璃内罩中,再配合灯光,突显艺术陈设品的价值。

中式艺术收藏　　　　　　　　　　　　西式艺术收藏

艺术品的选配甚至定制设计，很受陈设设计师的关注和重视，这已成为陈设设计界的一种潮流和趋势。艺术品的运用不仅能点缀空间、营造艺术气氛，还具有提高审美与疏导心理的功能。艺术品能给人们带来视觉上的美感享受，且在长期接受艺术熏陶的环境中，人自身的艺术修养与审美能力也能够得到提升。

（五）室内日用品陈设

日用品是人们在日常生活中经常使用的物品。日常用品的选择和布置是构建舒适、实用且富有乡村特色的室内设计的关键。家庭电器、家居用品、厨卫产品等存在的意义是满足人们的日常需求。与装饰品相比，人们更注重它们的实用性，也更加注重设计的人性化。近年来，这些日常生活用品的外形设计趋于美观、精致、考究，人们在日常生活中也离不开它们，因此它们也成为室内设计中营造氛围的重要组成部分。

日常生活中所用到的器皿，如餐具、茶具等风格应与室内设计风格保持一致。譬如，室内设计若强调乡村自然风格，可以选择釉面粗糙、色彩丰富天然的陶瓷器皿，或者是竹制的用品。

餐具　　　　　　　　　　　　　　　　茶具

在陈列摆放过程中要注意,器皿的陈列摆放种类不宜过多,要考虑层次关系,不要摆放得过于杂乱无序。

储物柜收纳展示餐具

芦苇、书架与灯光色调相融合

乐器、体育运动器材类陈设品能体现主人的兴趣爱好或职业特点。相关物品要根据主人喜好或者职业性质进行选择。

乐器

体育运动器材作为装饰,体现房主兴趣爱好

(六)室内植物陈设

远古时期,人类对植物的喜爱和痴迷,出于一种回归自然、亲近自然的"本能"。早在七千多年前,中国人就开始用盆栽装饰他们的生活环境。根据余姚河姆渡遗址出土的万年青盆栽图案的陶片,可以推测新石器时代我国人民已经开始使用植物进行室内装饰。这种情形不仅在东汉时期的墓葬壁画上出现过,在后来的唐宋元明清时期,也未断绝,诗书画卷、古籍典著(文震亨《长物志》、李渔《闲情偶寄》、屠隆《考槃余事》、张谦德《瓶花谱》等)记载描述的盆景、插花相关内容,都足以佐证植物陈设古已有之且颇为考究。中国人最爱把自己的情感寄托在自然的事物上,把户外的花草搬到室内进行陈设装饰,也是一种很好的怡情方式。

西方栽种室内盆栽,可以追溯到古埃及时期和苏美尔时期,随着文明的普及与传播,地中海周围的居民对室内盆栽产生了兴趣,其中包括郁金香、风信子等。随着新品种的引入及交流,世界各地的室内盆栽业都开始兴起与发展。从此,绿植就成为住宅室内装饰的主要陈设用品。

在室内空间中,植物可以对室内的微气候起到调节作用,对空气质量进行净化,还可以吸收居住空间中因为装修而产生的甲醛等有害物质,吸收二氧化碳释放氧气。据调查,在中国北方干燥的季节,植物布置合理的居住空间的湿度要比那些无植物陈设的居住空间高出20%左右,在高湿度的季节,适宜的植物配置还可以吸潮;在夏天,外墙或内墙有爬山虎植物的室内气温要比没有爬山虎覆盖的室内气温低,有植物陈设的室内气温要低于没有植物陈设的室内气温,当然,冬季有植物的室内气温也要高一些。

西方风格插花

东方风格插花

室内植物不仅能够净化及调节室内空气质量，创造舒适的生活工作空间，还可以丰富室内空间、活跃室内氛围，植物陈设已成为人与环境之间的纽带。室内植物与室内元素相结合，既能起到隔断作用，又能起到背景墙的作用，让人眼前一亮。室内植物还经常与水、石、竹藤家具等元素相结合，创造出一种清新、自然的氛围。

在民宿的公共区域，如餐厅或走廊，可以布置一些具有当地特色的盆景或插花作品，不仅能美化环境，还能展示当地的文化特色。这些植物的选择和布置应与整体室内设计风格相协调，既表达出乡村的自然质朴，又不失现代室内设计的美感和舒适度。

水、石、绿植等元素相结合营造出清新自然的气氛

位于北京延庆的荏苒堂民宿设计，充分体现了将大自然引入内部空间的神韵。在此空间中，人们既能体会到建筑内部简洁明快的构造，又能体会到自然闲适的意境，山石草木之间的自然和谐，充分反映了富有中国传统气息的人与自然的亲密关系。当人们在树丛、岩石、景窗之中蜿蜒而行时，每到一处都会发现新的视点，都会看到新的、不同的景致，感受到一种匠心独运的自然意境美。

北京延庆荏苒堂民宿概览

层层砖墙围合出记忆的乌托邦

新旧空间的并置,建立起过去与现在的联系　　起居厅在新旧院落的对视间产生,废墟场景成为大厅
　　　　　　　　　　　　　　　　　　　　　　内的一幅画卷

二、按室内陈设品的性质分类

根据室内陈设品的性质,室内陈设品可分为四大类。

(一)观赏性的物品

乡村民宿中的室内观赏性陈设品,如手工艺术品、乡村风格的绘画和自然材料制成的雕塑,通常是一些具有乡土艺术的自然特色强烈的装饰性物品。这些陈设品往往融合了乡村的风光、农业生活以及当地的文化传统,不仅为民宿空间增添了生机与活力,也表现出民宿主人对当地本土文化的尊重与推崇。此外,这些艺术品和工艺品还可能包含着对当地文化的深刻理解和纪念,通过它们,游客能够与所在地域紧密联系,同时体验到一种独特的乡土氛围,体会到民宿主人的爱好和热情。

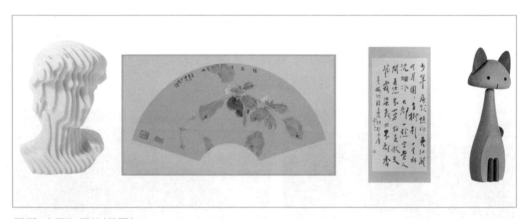

雕塑、字画和摆件(组图)

(二)功能性的物品

功能性的物品包括家具、灯具、器皿、织物、家用电器等,以实用功能为主,是居住空间最基础的标配软装陈设品。一般这类陈设品既有实际的使用功能,又有良好的装

饰效果,集实用性与观赏性于一体。

桌凳、花瓶、书架、收音机(组图)

(三)因时空改变,功能发生改变的物品

此类物品包括古代的器皿、日用品、服饰以及建筑构件等,指的是那些原先有使用
功能的物品,但随着时间的推移或地域的变迁,使用功能发生变化或已丧失,但审美和
文化价值得到了升值的物品,它们是珍贵的陈设品。比如我国古代常见的油纸伞,当
时油纸伞主要是用来遮风挡雨的生活用品。而在现代室内陈设中,油纸伞常被用来作
为挑高较高的公共空间的装饰吊顶或者中式空间的室内摆设,营造中式氛围。这里油
纸伞的使用功能和使用情况已经发生了明显变化,展现出新的风貌。

油纸伞、煤油灯、石磨器具

油纸伞作为天花装饰元素，丰富空间色彩

（四）原先无审美功能，经过艺术处理后成为陈设品的物品

此类物品可以分为两类：一类是原先仅有使用功能的物品按形式美的法则进行组织构图或改造加工，构成优美的装饰品，这种改造亦实现了废旧物品的循环再利用；另一类是将那些既无观赏性、又无使用价值的物品进行艺术加工、组织布置，使之成为陈设品。廉价的竹竿、树枝、茅草、树根、顽石等，经过艺术家的精心加工，也可以变成精美的艺术品，成为人们喜欢的装饰陈设。

废弃轮胎配以麻绳装饰，做成茶几

废弃木条做的海马摆件

铁刀、铁勺所制作的蜻蜓摆件

旧物独特的审美特征及它们承载的过往记忆和情感意义,使室内空间更具沉淀感、包容性和亲和力。除住宅等私人空间外,一些公共空间,如由旧工厂等改造而成的具有历史遗留的博物馆、学校、商业空间、办公空间,以及具有教育展览功能的空间、有地方文化或历史特色的场所、主题型的民宿酒店等的改造重塑都会涉及旧物陈设的循环再造。

在旧物改造设计过程中,设计师必须进行创造性的思考,对旧材料进行新的利用,既要重视对废弃材料再设计的环保价值,也要重视对其进行改造时所要进行的艺术植入以及最终的艺术表现。通过将人们日常生活产生的废旧物品进行再次设计,循环利用在室内空间中作为陈设元素,既能体现节能环保的理念,还能为民宿增添独特的乡村风情价值,创造温馨和谐的居住环境。这种循环利用的方式不仅激发了物品的实用性,还保存和传承了乡村生活的情感和记忆,为游客提供了一种特别的乡村体验,同时也体现了民宿主人对乡村振兴和文化传承的热忱。

乡村民宿室内陈设设计的原则

一、以人为本的形式美原则

当今,"以人为本"的设计观一直将个性化、人性化放在第一位并被认同。它关注人的自身价值的回归,这一点在软装饰的设计上体现得更为突出。要创造一个具有个性化、人性化的理想的居住环境,就一定要合理运用软装修,要从满足业主的身心需要入手,实施具体的工作。所以,室内陈设设计的目的,简单地说就是更加完善地为人们营造符合特定需求的生活和工作的室内环境。

人作为居住空间的主体,对居住空间的个性化要求无处不在。家具可以体现出人们的功能性需要,艺术品可以反映出人们的爱好与审美,绿化可以让人们感到身心愉悦等。在生活的每一个环节,都要将"以人为中心"作为出发点,使其贯穿整个设计过程。

装饰画与绿植色调一致,与家具相融合,整体风格清新淡雅　　　暖光源与摆件色调呼应,营造温馨氛围

陈设设计应给予使用者足够的关心,认真研究与人的心理特征和行为模式相适应的室内环境特点及其设计手法,以满足使用者在生理、心理方面的需求。

以线的形式为造型的家具使人觉得家具的体量轻盈，便于移动。曲线家具柔软、流动感强，直线家具干练而纤秀

体块形式的家具，给人的印象是稳重、安定、耐压

这要求室内设计不仅要在物质层面上满足使用者对使用及舒适度的要求，还要与形式美的要求相吻合，这就是室内装饰设计的形式美要求。形式美的原则包括变化与统一、对称与均衡、节奏与韵律等。形式美的原则是现代艺术必备的基础理论知识，它是现代艺术审美活动中最重要的法则。

（一）统一与变化

"统一"是形式美的根本出发点，它意味着视觉上的力量集合；而"变化"则是为了避免单调、呆板和沉闷。统一与对立一直都是一对矛盾的统一体，它们在相同或不同的因素中寻找一种平衡，既能为艺术增添情趣，又能为生活增添不少活力。

统一是由于事物间视觉特征的共同性造成的，软装饰无论是在造型、色彩、质感、材料还是尺度等因素上都有一种总体的倾向性和共性，会让原本杂乱无章的构成元素变得有条理性、规律性、和谐感，也就是具有整体性。但如果过分强调软装元素的"共性"，则会使其变得千篇一律，变得单调、呆板、令人生厌。在这种情况下，设计师可以用些许的对比变化，达到一种生动的效果和一种感官上的刺激效果，呈现出一种活泼、有趣的感觉，这样就避免了单调乏味的感觉，同时还可以通过画面对比来凸显画面中的主旋律和重点。

装饰物大小的统一，室内整体风格色调的统一　　装饰大小、色调对比

乡村民宿建筑的内、外空间设计应具有整体性，强调内外空间的参与性，使内外空间结合共同贡献于整体环境，做到"人、环境、文化"之间和谐共生，即将不同的元素有机地融合在一起，形成一个和谐的整体。这需要对视线、植被、建筑、景观元素等进行统一规划，同时弱化室内外空间边界线，打造更为连续的空间序列。可采用开放式设计原则，通过大面积的玻璃窗、开放式平面布局等方式，将室内与室外空间无缝连接。这样可以使使用者在室内也能欣赏到室外的美景，打造更为开放、愉悦的空间体验。

陈设是设计师个人意志的体现，个人风格的突出、个人创新的追求固然重要，但更重要的是将设计的艺术完美性和实用舒适性相融合，将创意构思的独特性和室内环境的整体风格相融合，这也是室内设计达成统一的根本要求。

艺术风格整体性，强调将所有设计元素有机地融合成一个统一、协调的整体，以创造出流畅、和谐的室内空间。明确的设计风格和主题，能使整个空间在色彩、材质和家具风格上保持一致，从而避免视觉上的混乱和不协调。

用LED灯饰进行点缀，创意与时尚并进　　多种色彩的结合，配以夸张的装饰画，整体风格明确、和谐

形态的统一,是指选择大小、长短不一但形态统一的陈设品进行配置。统一的形态可以在室内形成相对和谐的构图。

大小不同的矩形装饰画,形态统一,同时富有变化

大小不一的梯形花瓶与带有曲线线条的绿植,相互呼应,形成对比

在室内空间陈设设计中,要遵循"寓多样于统一"的美学原则,要确定主题与格调,根据空间的实际尺寸进行规划布置,将陈设材质、色彩、图案和样式等各要素有机地统一在一个大的基调中,做到在统一中寻找变化,于变化中求得统一,这样才能丰富空间的层次感,满足使用和审美要求。

装饰画大小、色调既有变化又趋于统一

装饰画色调相互呼应,在统一中富有变化,具有层次感

(二)对称与均衡

心理学家发现,人类在观察事物的时候,有一种追求稳定的趋势,偏好平衡,而缺乏平衡与我们对秩序的理解是背道而驰的。室内设计中的均衡,是指让人通过视觉对

空间形态及内含物的感知，达到的一种空间平衡的心理感受。黑格尔认为，要有均衡对称，就要有大小、地位、形状、颜色、音调之类定性方面的差异，这些差异还要以一致的方式结合起来。因此，在室内空间中获得平衡，依靠的是空间布局，以及室内软装饰的位置关系、尺度、色彩、材料等因素。

室内平衡关系有两种类型：对称平衡与非对称平衡关系。对称是一种最基本的平衡布局模式，它有两种模式，一种是轴线对称，另一种是中央对称。沿着一条对称轴线，将同样的或类似的要素，放在两侧相应的位置，就能获得轴对称，像客厅里的沙发就可以采用对称式布局。轴对称是一种易于实施的结构，在视觉上具有简洁的特点，同时也有助于营造一种沉稳、宁静、庄严的氛围。

均衡对称式布局，彰显庄严、稳重　　　　　　沙发布局均衡，视觉简单清晰

比起容易让人觉得生硬的对称美，现在的人们更倾向于寻求一种均衡的美感。非对称的均衡追求的是一种微妙的视觉平衡，它不会要求构成元素在大小、形状、色彩、位置关系上有严格的对应关系，与对称形式相比，它更自由、含蓄、细腻，能表现出一种动态变化，给人以充满生机的空间感受。

在软装各要素设计过程中，如果过于强调对称，就会出现平淡无奇的视觉印象，因此，可以在基本对称的基础上，根据空间布置的需要局部打破对称，或减少对称的面积，营造出局部之间的对比，追求一种有变化的对称美，营造丰富多彩的空间氛围。例如，客厅主位三人沙发两边没有按照传统的布局方式摆放同款单人沙发和双人沙发，而是用一边双人沙发和一边不同颜色及款式的两张单人椅子形成对比，在视觉和重量上追求均衡的效果，但是在材质和造型上寻找变化，丰富空间层次。

用绿植装饰打破左右平衡　　　　　　　　　不同的椅子构成对称,均衡而富有变化

(三)节奏与韵律

亚里士多德认为,爱好节奏和谐之类的美的形式是人类生来就有的自然倾向。节奏和韵律是由于设计要素在时间与空间上的重复而产出的,这种重复可能是完全不变的简单重复,也可能是通过些许变化增加了复杂性的一种重复。节奏和韵律往往是联系在一起的,节奏是韵律的条件,韵律是节奏的深化。节奏和韵律是表达动态感觉的重要手段,相同、相似的因素有规律地循环出现,或按一定规律变化,如同利用时间间隔使声音规律化地反复出现强弱、长短变化一样,会造成视线在时间上的运动,使人的心理情绪有序律动,从而感受到节奏。

花钵造型统一,但高低、大小充满变化,富有韵律感　　天花板用线性构成曲线空间,通过
　　　　　　　　　　　　　　　　　　　　　　　　视线高低变化形成节奏感

节奏与韵律是密切相关的统一体,是美感的共同语言。优美的建筑常常被比喻为流动的诗歌或乐章,便是运用节奏与韵律的美感,把无声的造型结构转化为有声有色的语言与乐曲,室内陈设也不例外。节奏与韵律是通过空间的虚实、体量的大小、排列

的疏密、长短的变化、线条的曲直等变化来体现的,具体手法有连续式、起伏式、渐变式、交错式等。建筑的楼梯、廊柱、栅栏、屋檐等都具有一定的节奏感,而在室内陈设中,家具或陈设装饰物的外在形体、线条和装饰图案往往是最能反映出节奏和韵律的地方,搭配得当则十分有序且出彩。

二、地域文化性原则

室内陈设设计有着深刻的历史文化渊源,它体现了人的基本生活态度、丰富多彩的生活行为以及对文化的追求。因此,设计师在进行陈设设计时,必须考虑到生活中的文化创造,考虑到室内设计与文化的关系,这可称为室内陈设设计的文化性原则。

民宿的文化性设计关键在于深入理解和尊重当地文化背景和生活习惯。这需要对地域文化、历史传统和当地生活进行深入研究。例如,设计时可以融入当地的艺术品、手工艺品或工艺品传统装饰元素,旨在展示本土文化风貌。需要指出的是,人们的生活行为是连续的,不会轻易因外部环境的改变而改变。因此,要注意研究生活文化的内涵与文脉,掌握其发展与运动的规律,找到为人们的生活文化心理所接受的创意点,从而进行陈设设计。文化性设计不仅意味着在视觉上表现文化特色,还意味着在行为功能布局和空间规划上体现对当地生活方式的理解和尊重。这样的设计旨在营造一个既具有当地文化特色又符合当地生活习惯的室内环境。

屏风、茶具、莲花造型的坐垫和风景装饰画等元素极具中式韵味

简化后的中式柜子,营造古朴典雅之韵味

三、生态性原则

尊重自然、关注环境、生态优化是生态环境原则的最基本内涵。乡村振兴之下的民宿室内设计更应该注重对当地生态环境的保护与融合,使室内环境的营造及运行与社会经济、自然生态、环境保护统一发展,使人与自然能够协调发展。绿色生态设计在陈设艺术设计中的具体表现,就是充分合理地利用自然要素,为人们提供一个规划合

理、高效低耗的室内环境。这种环境应拥有良好的室内微气候和较强的生物气候调节能力，能节约能耗，让人适度消费，避免人力、物力的浪费，所用材料应经过科学选择，无毒、无污染，尽可能是天然材料、环保材料、可再生材料，能促进人、建筑与自然生态之间的平衡与协调，实现室内环境的可持续性。

自然风的餐厅环境

四、时代创新性原则

室内陈设设计包含着对建筑及室内设计文化的时代性、发展性内涵的追求，是一种艺术创造。在室内环境中体现富于时代特征的新语言、新变化，将充满活力的新形式、新工艺、新材料、新设计语言成功地融合到基础性、传统性的设计语言中去，将委托设计方的意图与设计者的艺术追求相结合、与室内空间创造的意图相统一，是室内陈设设计时代创新性原则的要求。

艺术性和实用性相结合的家具，可以尝试嵌入式、多功能等新型设计。跨界融合和情感创新同样重要，将不同领域的元素融合，可以创造出充满活力和创意的设计风格；运用颜色、材质等元素，可以创造能够触发情感和情绪共鸣的室内环境。综合而言，创新性原则是激发设计师创造力的引擎。

民宿室内陈设设计中的创新性原则要求设计师敢于突破常规，将新思维、新技术和新元素融入设计中，创造出引人入胜、独具特色的室内空间。这种创新不仅体现了设计的艺术性，还兼顾了实用性和功能性，从而满足了不同顾客的需求和喜好。例如，钢管家具设计简约现代，带有工业感，以钢管为主要的结构支撑，在工业风格和现代风格的室内设计中非常受欢迎，具有坚固耐用、简约现代的外观，以及适应多种环境的能力。无论是在家庭住宅、办公室还是商业空间，钢管桌子都能为室内环境增添现代感、工业风格和功能性。

多个凳子相重叠便于收纳的同时不同高度的凳
子也满足不同场景需求

钢管桌子可以用作餐桌、书桌、咖啡桌等

　　时代性设计原则要求设计师将当代社会、科技、文化趋势融入设计,创造出具有现代感和独特性的空间。这一原则涵盖了多个方面,关键在于自动化与数字化的深度融合。智能家居系统如自动化控制的照明和温控系统的出现,不仅提高了生活的舒适性和便利性,也体现了当代科技的发展趋势。此外,数字艺术如数码绘画和数字雕塑的运用,成为表现科技影响的重要手段。同时,现代材料与工艺如环保建材和3D打印技术的应用,不仅展示了设计的前沿性,还体现了行业对可持续发展的重视。这些新型材料和技术的运用,在提升空间美学的同时,也符合当代环保和节能的设计趋势。

　　另外,将现代设计理念与传统元素相结合,创造出既满足当代审美又不失文化传承的室内环境,成为室内陈设设计中的重要策略。这种融合不仅强调了功能与美学的平衡,还强调了设计的文化基础和地域特征。

　　总的来说,民宿室内陈设设计的时代性原则要求设计师在尊重当地文化的基础上,采用创新的设计方法和材料,创造出既符合现代生活又有丰富文化内涵的空间,从而为游客提供一个既舒适又充满文化氛围的住宿体验。这些细节与考虑共同促成了一个与时代紧密相连、引领潮流的室内设计。

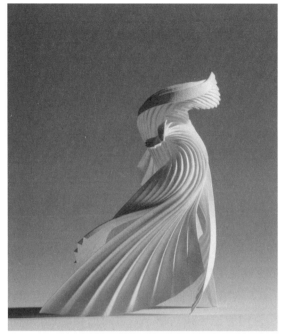

数字化雕塑   智能电冰箱

五、叙事性原则

在民宿室内设计中,叙事性设计是一种让空间讲述故事的手法,它通过设计来传达民宿的文化、历史和主人的个人故事。这种设计不仅关注陈设的形式与功能,更重视相关情感与体验的交织,使游客能够亲身感受和参与这个故事。这种尊重场所精神的设计理念,将民宿空间视为时间的承载者,挖掘并重现其文化的特征和精神价值。

设计师们将民宿主人的生活经历、方式及情感思想,通过对花园布局、建筑细节等要素的设计,融入整个空间中。这样的设计语言转换赋予了民宿场所更强的认同感和影响力,通过有趣的主题和结构关系,促进了人与环境的互动交流。此外,色彩、光线、纹理和比例等都是叙事性设计的重要组成部分。色彩可以唤起情感和记忆;光线可以强化或改变空间的感知和氛围,纹理和比例可以加强叙事的层次和深度,创造出更为丰富的视觉和触觉体验。在叙事性设计中,空间本身变成了叙事的媒介,每个元素都是故事的一部分。例如,通过旧照片、地图或者历史文献的复制品用来叙述历史;通过家具的布置来体现主人的生活哲学;通过艺术品的选择来反映主人的情感状态或愿景。

这种设计摒弃了单纯对形式的追求,转而专注于提升游客的体验,将各个空间元素编织成一个有内在力量和逻辑秩序的叙事场所,创造出一系列连贯的空间,将不同层面的元素和结构语言相互联系,为在民宿中体验生活的人们提供多样化的感受和可能性。

而情景体验设计是一种以人为中心的设计方法,它强调活动过程中个人的经历和心理感受,反映了对场所精神和文化的深刻体验和理解。它通过深入挖掘人内心深处对于美的追求,从不同的视角和多维度的时空元素进行考虑,创造出一个情感丰富、富有吸引力的空间。

在情景体验设计中,人们的行为与环境相互影响,设计者的创意和构思与体验者产生共鸣。设计师在整体空间的营造中扮演着至关重要的角色,他们的设计意图直接影响着空间的氛围和感知体验。情景体验设计被看作一种多感官的设计策略,它关注如何通过视觉、听觉、嗅觉、触觉和味觉来创造一个全方位的体验。这种设计强调个性化和故事叙述,将游客的体验放在设计的中心。例如,设计师可能会使用某地区的传统布料和手工艺品来营造一种地域特有的氛围,或者通过调整光线和音乐来模拟特定的时刻或情绪,如模仿日落时分的温暖光线或使用当地音乐来增强文化体验。

触觉体验也是设计中的一个重要元素。使用当地的材料和建造工艺不仅能节约成本,还能够在游客接触这些材料时唤起他们的记忆和兴趣。通过对旧物进行再利用和改造,废弃物品焕发新生,民宿场所的循环可持续发展得到落实。这样的设计不仅丰富了民宿的故事,还增强了游客对该地文化和环境的认同感。

六、多元化原则

同一地区的不同建筑会受到建筑规模、地域文化的影响,在进行民宿改造设计时,设计师必须对当地的历史、文化、民风民俗等有全面和深入的了解,提炼多元化文化设计元素,以赋予民宿体验者更多的体验感和新鲜感。在进行室外空间和室内空间设计时,设计师可以利用这些多元化元素来进行创造性设计。在挖掘建筑特色、丰富经营模式的同时,设计师应运用现代设计手法打造多样化的民宿设计。如此,不仅能够实现地域文化的传播,还能够立足于地域文化来壮大旅游产业,开发一些特色体验项目,吸引游客注意,延伸旅游产业链。

乡村民宿室内陈设设计的搭配方法

一、色彩搭配法

室内陈设的色彩搭配方法有很多,常用的可以分为以下三种。

(一)调子配色法

将两种或两种以上的色彩有序、和谐地组织在一起,可以使人感到身心愉悦,采用这种配色方法形成的色调可分为浅色调、深色调、冷色调、暖色调、无彩色调。

浅色调是以色相中比较明亮的色调为主形成的色调。浅色调易形成雅致、洁净、温和的氛围。在浅色调的空间中,并不是所有的色彩都是浅色调,可在局部增加低明度的点缀色、达到丰富层次的效果。

深色调是以色相中明度、纯度较低的色彩为主形成的色调,在整体深色调之中注意适度留白,或者使用明亮、鲜艳的点缀色,形成对比关系,增强空间的色彩效果。一般来说,深色调的形成与光线的控制密切相关,深色调的环境更能凸显光线的亮度,是一种极好的视觉导向方法;也可以使用光线来创造出神秘、酷炫的空间效果。

沙发、座椅与装饰物为近似浅色调配色,体现 深色调配色,利用暖色调灯光增添氛围感
低调内敛

冷色调是指以蓝色、绿色、紫色为主形成的色调。人们常将冷色调与寒冷的冬天、冰冷的大海等自然景色联系起来。因此,冷色调经常被用在需要使人沉静、清爽、空旷的场所。

暖色调是指以红色、橙色、黄色为主的色调。暖色会使人产生一种温暖、热烈、愉快的感觉,使人联想到太阳和燃烧的火焰的温暖。因此,暖色调常用于那些希望让人感到愉快、兴奋、快乐、热情的场所。

蓝色背景墙与白色布艺,形成优雅洁净的美感

电影院常使用红色作为主要的装饰色彩,是因为红色具有多重象征意义和心理效应,利于在电影院环境中营造特定的情感和氛围,能够引发观众的情感共鸣,并在观影过程中营造出兴奋和热情的情绪

　　无彩色调指的是运用黑色、白色、灰色呈现出的色调。无彩色调是一种在大自然中很少有的配色效果,它所营造出来的空间气氛也比前几种更加理性和醒目。这类色调的空间中并不是没有其他的色彩,只是为了突出这种配色,其他色彩占比较小。

无彩色调的空间营造出冷静、宁静的氛围,有助于提供一个舒适的环境,适合冥想、工作或放松

(二)对比配色法

　　对比配色法是指利用两种或两种以上的色彩明度、灰度、彩度进行对比配色。对

比一般分为明度对比、灰度对比、冷暖对比、补色对比。

明度对比倾向于采用黑白两极、极端色彩进行配搭。明度对比利用同色系中相距较远的色彩对比形成极差效果,体现空间单纯宁静的氛围。表现的明度反差最大的就是黑与白的搭配,通常情况下,以白为底色,黑为主色或是点缀色进行对比。因为白色背景在光线照射下,会受到光线照射角度投影面的大小等因素影响,产生不同的灰色,从而使空间层次和效果更丰富。明度对比中,各对比色可能并不是一个色相的差异,还可以是两种或者多种颜色。只要面积不是太大、纯度不是太高,相关配色不会对空间的色调产生过大的影响。

灰度对比主要是指色彩的纯净度对比。这一对比可以是同一色相中的灰度对比,在色彩中加上白或黑,从而构成不同层次颜色的对比关系;也可以是较高纯度的颜色与黑、白、灰三个无色系之间的色彩对比;还可以是纯度较高的色彩与其他低纯度色彩之间的对比,如深灰蓝的空间沉静、高贵、低调,于其中加入鲜活时尚的红色装饰,可以带动空间的活力与热情。

使用黑白这两种明度对比强烈的颜色,可以通过明暗极端的差异创造出引人注目的、视觉上充满活力的空间。这种设计风格突出了明度对比的鲜明特点,以及如何在极端明暗之间实现平衡和协调,创造出独特的、现代感十足的室内环境

使用不同灰度的暖色调可以创造出丰富的层次,营造出理想的视觉深度和独特的空间氛围。明度的变化可以强调空间的形状、纹理和光影效果,营造出简洁、现代和高度艺术性的空间

不管是什么样的反差关系,都要把握好色彩的面积比率,以适应不同场合的需求。人们需要休闲放松、长期逗留的区域,色彩应以中低纯度色为主,以高纯度色为辅;对那些想要营造醒目、刺激的环境效果或不适宜人长时间逗留的地方,可以增大高纯度

色彩面积。

冷暖对比主要是指利用色彩带给人的不同心理感受来满足人们对空间的使用需求。冷色的空间让人凉爽平静,人们看到蓝、绿、紫等冷色时,会有一种退缩的感觉,增加距离感,有扩大空间的效果。与此相反,红色、橙色、黄色等暖色调的空间,会让人感到温暖热烈,人们会感到亲近,因此暖色调有缩短空间距离的效果,使得空间更加紧凑。我们可以根据空间所需表达的主题情绪来确定色彩的冷暖倾向或制造对比关系,来对室内装饰物品进行选择与搭配,从而创造出富有魅力的个性空间。

补色对比是冷暖对比中最为强烈的对比,因此它可以产生比其他冷暖对比更强更丰富的视觉效果。在补色关系中,有三对是最基本的关系:红绿、橙蓝、黄紫。

黄色通常象征着活力、快乐和温暖,而绿色则与自然、生机和平静相联系。在空间中使用黄绿对比,可以创造出充满活力和自然感的氛围

高明度红色桌椅与绿色座椅、绿植成为空间亮点,在色彩上形成抢眼的对比效果,简单而直接地展示出居室的空间基调

(三)风格配色法

室内设计风格就是利用室内装饰设计的规律,通过对各种界面、家具、陈设等的造型设计、色彩组合、材质选择和空间布局,形成某种特征鲜明的秩序。其风格特征的色彩特点就是我们所运用的配色原则。

运用风格配色法需要了解历史上或是不同地域里某些风格约定俗成的配色规律,利用这些规律搭配室内的色彩,使人联想到这种风格的氛围,达到塑造空间的目的。

北欧风格常使用白色、灰色、淡绿色等中性色调，以少量的深色木质元素，营造出简约、舒适的氛围

工业风格的配色常使用中性色调，如灰色、黑色、白色，再加入金属元素的颜色，如铁锈色、铜色，以突出工业感和原始性

二、材质搭配法

材质与民宿软装设计风格塑造有着紧密的联系。作为一种视觉和触觉的双重表现语言，材质是空间展示的重要符号。运用不同材质本身特有的情绪与特质，会极大激发设计师的创造力，展现空间艺术美感。

在民宿软装设计中，不同材质在色泽、纹路、形态、触感、图案以及软硬、糙滑、温凉等方面表现出来的形态美感，配合色彩、光线等感官元素，会让游客延伸出温暖、平静、岁月感等诸多心理联想，引导游客进入一种只有在特定氛围才能体验的绝妙意境，强化文化内涵张力。陈设材质的质感可以分为硬质和软质，硬质的材质有木材、石材、金属等，软质的材质有地毯、织物、壁纸等。

不同饰面材料及其做法可以表现出不同的质地感觉。例如，结实或松软、细致或粗糙等。质地坚硬、打磨光滑的材料，如花岗岩和大理石，给人一种庄重、有力和干净的感觉；柔软而有弹性的布料，例如地毯和织物，会使人感到柔软、温暖、舒适。同样的材质，在不同的处理方式下，也会产生不同的质感，如粗犷颗粒感的花岗岩饰面和抛光镜面感的花岗岩饰面呈现出迥然不同的质感。

陈设品材质的搭配选择与空间的风格、主题等密切相关。譬如美式乡村风格选择原木吊顶、原木家具、油蜡皮革沙发、碎花地毯来表现粗犷、怀旧的情调，现代风格则用光洁的大理石地砖、布艺沙发、地毯来体现整洁、细腻的空间质感。

保留原始纹路的木质地板和木质天花使空间变得更加有天然韵味

布艺沙发能够带来亲切、温馨的空间氛围

三、形态搭配法

形态配搭法是利用不同形态的对比或是相同形态的统一的搭配原则。如在选择小件陈设品时可根据大件家具的形态,进行呼应或是对比,塑造富有趣味的效果。

各种形态的节奏与韵律是密不可分的统一体,是美感的共同语言,是创作和感受的关键。"建筑是凝固的音乐",因为它们都是通过体现节奏与韵律感而产生美的感染力,陈设搭配亦是如此。节奏与韵律是通过体量大小的区分、空间虚实的交替、构件排列的疏密、曲柔、刚直的穿插等变化来实现的。具体手法有连续式、渐变式、起伏式、交错式等。在整体空间陈设设计中,虽然可以采用不同的节奏和韵律,但同一个房间切忌使用两种以上的节奏,那会让人无所适从、心烦意乱。

形态搭配法是灵活地运用各种几何形状,如圆形、正方形,以及有机形态,如流线和曲线,甚至通过抽象变形来表达独特的审美观点的方法。陈设形态的方圆曲直、高低大小、排列疏密、虚实交替等常常被用来增加视觉层次感、韵律感和趣味性。形态的重复或变化,可以创造出统一性和多样性的效果,使空间充满视觉魅力和动感。例如,在空间中巧妙地安排不同高度的家具、装饰品或结构,可以为空间增加立体感和层次感,同时也为用户提供更多的使用和体验方式。

以直线形态为主的白色调的餐厅,在形态上多为方形,弧形的吧台、极简的吊灯丰富了视觉元素

图中可见陈设品形态上的造型与搭配,曲线的灯饰、沙发等能起到柔化空间的效果

　　不仅如此,形态搭配法还可以通过与其他设计要素,如色彩、材质、光线等的协调,创造出整体统一的空间氛围。形态的选择应该与空间的功能和使用需求相契合,以营造出与设计风格相符的空间环境。无论是在现代风格、传统风格、工业风格还是在其他风格中,形态搭配法都为设计师提供了丰富的创意表现方式,让每个空间都充满个性和独特魅力。形态搭配法的精妙运用将为室内设计增添更多的创新和情感元素,为居住者创造出令人愉悦的居住和体验环境。

四、风格搭配法

　　风格搭配法主要是利用各种风格特定的陈设要求而选择搭配。我们生活在一个多元的时代,流行的风格具有一定的多样性,而且各种风格在不同时期反映的空间效果又随材料、工艺、审美观点的变化而变化。选择已经被广泛认知的风格特点进行陈设设计,可传递出具有亲切感的信息,是陈设设计最易掌握的手法。如混搭风格,它是古典风格随历史发展逐渐更替淡出,但人们对其保有思想上的留恋追溯的矛盾关系的体现。事实上,混搭风格是一种留取精华的心态的体现。人们将自己喜欢的风格中的经典饰品进行重新搭配,古典与现代的交融抑或东西方文化的冲撞,反而产生了一种新的效果及戏剧化的表现,令人欣喜,成为很多人喜爱的一种风格。

风格		主要特征	代表图片
中式风格	传统中式	传统中式家具以明代家具为代表，明代家具的设计注重线条的简介和流畅，追求简约的美感。家具的轮廓通常优雅而不繁复 造型特点：马蹄形脚、层叠结构、曲线雕刻 常用装饰元素：万字纹、花草纹 代表家具：太师椅、挪揄桌、罗汉床等	
	新中式	新中式家具是对传统中式家具进行现代化演绎和创新的产物，强调简约的美感。去除了传统中式家具中过于繁复的装饰，注重线条的流畅和整体的协调。同时融入了现代设计理念和材料，以满足当代人们对于功能性、舒适性和审美性的需求	
欧式古典风格	巴洛克	巴洛克风格家具以奢华、装饰华丽和浮夸的特点而闻名。设计强调曲线和弧线，家具的线条充满了流畅的曲线和蜿蜒的形态。装饰元素常常表现为卷曲和扭曲的形态，如扭曲的藤蔓、盘绕的花卉等。色彩常常鲜艳而丰富，运用了深红、深蓝、金色等饱和的色彩，强调视觉冲击	
	洛可可	洛可可风摒弃了巴洛克家具的豪华和雄伟，而强调了优雅、轻盈和浪漫的特点，曲线更为柔和，呈现出更加流畅的S形和C形曲线。注重细致的雕刻和装饰。花卉、羽毛、藤蔓等装饰元素较常见，通常采用淡雅的色彩，如浅粉色、淡蓝色、淡紫色等	
现代风格		现代风格家具强调功能性、简约性和清晰的几何形态 造型特点：以简洁的线条和几何形态为特点，家具造型可能是直线、曲线或者简单的几何形状 家具材质：金属、钢化玻璃、不锈钢等材料	
工业风格		工业风格家具是源自工业化时代的风格设计，强调实用性、原始感和简约美 造型特点：工业风家具常常暴露出原材料的本来面貌，如金属的铆钉、焊接痕迹、木头的裂缝等 家具材质：金属材质如钢、铁、铜等，或是老旧的材料如回收木材、废旧金属等	

常见家具风格一

风格	主要特征	代表图片
简欧风格	简欧风格家具是将欧洲古典元素与现代简约风格相结合的一种家具设计风格，强调舒适、典雅和时尚 造型特点：造型典雅而精致，融合了古典家具的曲线和装饰元素，但相对简化。家具的线条可能流畅，同时保留一些古典的弯曲状态 家具色彩：通常采用中性色调，如米白色、浅灰色、米色等 家具材质：天然木料（如橡木、榉木）、实木饰面、大理石、金属等	
北欧风格	北欧风格家具是源自北欧国家（如瑞典、丹麦、挪威等）的一种家具设计风格，强调简约、舒适和自然的特点。追求实用性和功能性，同时注重家具的美感和与自然环境的和谐 造型特点：设计简约，强调去除繁复的装饰和多余的元素。专注于基本的形状和功能 家具色彩：白色、浅灰色、淡蓝色等明亮的中性色调 家具材质：使用天然的材质，如原木、橡木、松木等	
东南亚风格	东南亚风格家具强调自然、舒适和独特的特点。受到东南亚地区丰富的文化和自然环境的影响，融合了多样的元素，而创造出的一种充满异国情调和独特魅力的家具风格 家具色彩：采用鲜艳、明亮的色彩，如绿色、蓝色、橙色等，呼应地区的热带氛围 家具材质：天然的材质，如木材、竹子、藤条、棕榈叶等	
地中海风格	地中海风格家具是受到地中海沿岸国家（如意大利、希腊、西班牙等）的文化和自然景观启发而设计的，强调舒适、浪漫和古典的氛围 造型特点：强调曲线和弧线，如华丽的椅背、腿部等，赋予家具一种古典的感觉 家具色彩：蓝色、白色、黄色、橙色等，呼应海洋和阳光 家具材质：使用天然的材质，如木材、石材、陶瓷、铁艺等	
日式风格	日式风格家具是源自日本传统文化和美学的一种家具设计风格，强调简约、自然和平静的特点 造型特点设计非常简约，强调去除多余的装饰和繁琐的元素，追求基本的形状和结构 家具色彩：深木色、中性色调（如白色、米色、黑色）等 家具材质：木材（如榉木、樱花木）、竹子、稻草等，保持自然的纹理和质感	

常见家具风格二

第二章
中式田园风格乡村民宿陈设设计

  中式田园风格乡村民宿陈设设计旨在打造一个充满中国传统文化和宁静乡村氛围的独特住宿环境。该设计巧妙地结合了自然和文化元素，呈现出一个极具魅力的空间。从历史的角度来看，家居文化在很长一段时间内都以西方文化为中心，先是在欧洲盛行，后来逐步扩展到美国。在这个过程中，欧美风格在家居装饰领域一度占据了主导地位。然而，近年来，随着国际竞争日趋激烈和民族意识日益觉醒，我国很多有识之士倡导在全球化进程中广泛地学习和吸收世界优秀的文化艺术形式。基于此，他们更重视传统文化和民族文化的溯源与回归，提倡通过继承创新和弘扬发展的方式，树立起对中国文化艺术的自觉意识、自尊态度和自强精神。这种趋势反映出一种文化自觉的崛起，它旨在平衡全球化和本土化的影响，以推动中华文化的繁荣和发展。

中式田园风格乡村民宿陈设设计的主要特点

田园风格是现代室内装饰风格类型中一个常见的概念。在尊重自然、崇尚自然、回归自然的大趋势下,田园情趣的营造实践成为部分都市人生活的志趣所在。不过从理论层面上来看,田园风格这个概念的表述和界定非常模糊。无论东方还是西方都存在田园的概念,田园在汉语词典中的解释为:田地和园圃,泛指农村。田园这一概念在东西方文化背景中是不一样的,同样,其装饰文化的要素在两个背景下也是不同的。

中式田园风格是中国传统人文精神在当代背景下的全新演绎,是以对中国传统文化的理解为前提的当代设计理念。将中式田园风格与民宿室内设计相结合,可以为游客提供一种独特的体验。中式田园风格家具摒弃了传统家具中繁复的雕花和纹路,通过简洁的造型、现代的材料和精致的细节处理,展现出传统文化的精髓和现代生活的实用性特点。它以独特的方式诠释了中式田园风格的氛围,创造出了一种与时俱进的现代中式田园室内陈设风格,体现了现代人的审美需求,利用传统文化的精神内涵及元素,重新装点了具有当代意义的生活空间。

(1)中式田园风格紧密结合当代人的生活方式,相比于传统中式风格,功能性更强。设计师有针对性地运用传统造型和装饰,在利用传统造型元素的同时,进行大胆简化、变形、重组,甚至功能置换。

(2)中式田园风格的装饰元素保留了传统家具造型的神韵,减弱了其寓意性,成为装饰性元素及文化传承性元素。这种装饰元素在用材方面不受传统风格的限制,常使用新材料及新的制作工艺。红木家具、雕花屏风、木雕椅子和茶几等带有传统元素的家具增加了室内的文化氛围。这些家具经过精湛的工艺制作,强调了中国传统工艺的独特之处,同时也为游客提供了身临其境的文化体验。

(3)中式田园风格充分采用自然材料和淡雅色调。木质家具和地板为房间带来自然的温暖,浅木色、米色以及柔和的绿色和蓝色则令室内空间融入田园风光。这种自然的设计元素强调了田园风格的朴实和亲近自然的特性。

(4)中式田园风格布艺带有简化的中式传统纹样,或以素雅的棉麻材质营造低调简约的氛围。

(5)中式田园风格饰品借鉴中式传统元素的装饰特征,如中国瓷器、中国结、精美的绣品和传统画作,为室内增添了古典韵味。现代的玻璃、合金、树脂等新材料与传统工艺有机结合,营造了新颖别致的工艺品,强调时代感与趣味性。

(6)中式田园风格室内绿植如竹子、盆景和兰花,为房间带来了自然元素,同时也增加了生机。小型花园或庭院的设置让游客可以在室内领略到真实的田园风光。

中式田园风格民宿的陈设设计通过自然材料、传统元素和文化装饰,创造了一个融合田园风光和中国传统文化的独特、宜居的住宿环境,让游客可以在其中度过宁静、充满文化氛围的时光。

中式田园风格乡村民宿陈设设计常用软装元素

1.家具

中式田园风格的家具是以古典家具的造型结合现代的工艺手法设计出的既有中式情怀又适合田园生活的家具。中式田园风格家具强调简洁的几何线条,通常采用直线、曲线和圆弧相结合的设计,营造出平衡和谐的美感。用材多为实木材质,如红木、柚木、橡木等,强调木材的质感和纹理。木质家具经过精细的加工和打磨,展现出自然的温暖感觉。同时,新中式家具还会采用或融合一些现代材料,如亚克力、玻璃、钢化玻璃等,使得新中式家具的设计更加现代化和多样化。

中式田园风格的家具将传统的纹饰图案,如传统的花鸟、山水或龙凤等图案,以雕刻、绘画或烫金等形式呈现出来,增添了艺术和文化氛围,还常常借鉴中国传统文化中的符号和意象,如龙、凤、孔雀等进行设计。这些符号可以以雕刻、绣花或装饰物件的形式出现在家具上,彰显中国文化的独特魅力。例如水墨印染的纯棉印花布艺与沙发结合就可以打造一款极具特色的中式田园家具。

2.抱枕

中式田园风格的抱枕赋予了空间陈设更多的中式元素,如花鸟、水墨、吉祥纹样等,相关元素颜色应素雅。抱枕的颜色通常鲜艳而丰富,有红色、金色、绿色和蓝色等,以点缀房间色彩。这些色彩能够传递出热情、喜庆和祥和的意象,与中式田园风格的整体氛围相契合。抱枕上会用到细腻刺绣,这是中式田园风格的一大特点。

3.窗帘

中式田园风格窗帘通常注重采用传统文化元素、自然主题和精致的工艺,色彩较为素雅,常使用丝绸和棉麻面料,呈现出自然、朴素的质感,营造出一个具有自然、传统和文化韵味的生活空间。

4.屏风与格扇

中式田园风格中,彩绘屏风常放于卧室、客厅作为背景墙面,以突出主题意境。木质格扇通常是新中式空间的主要分隔形式,既简洁又大方。

5.饰品

中式田园风格的饰品,已经将传统的中式饰品、陶瓷摆件、茶具、香炉等融入其中,再融入自然材质进行装饰,常使用木材、竹子、瓷器、绸缎、纸质和丝绸等材质,这些材质较适合中国传统工艺和纹理。

中式田园风格在体现传统的中国人文内涵的同时,又回归了现代生活中注重自然、回归自然的人性追求,反映了现代人对舒适生活、休闲生活的本体的审美解读。中式田园风格还原了大众生活所崇尚的简约主义,以简洁的表现形式来满足人们对空间环境感性的、本能的和理性的需求。人们在日趋繁忙的生活中,渴望得到一种能彻底轻松,以简洁和纯净来调解转换精神的空间,这是人们在互补意识的支配下所产生的,急于摆脱繁琐、复杂,追求简单和自然的心理。

中式田园风格乡村民宿陈设设计经典案例分析

中式田园风格的乡村民宿犹如一幅唯美的画卷,将传统文化和自然之美交融于山水之间,为游客准备的是一场别具韵味的隐逸之旅。这些民宿聚在一起宛如一座穿越时光的古城,坐落在宁静的自然胜地,周围弥漫着新鲜的空气,遍布如诗如画的景色。

建筑之美,凝聚着中式传统之韵。红瓦覆盖的白墙建筑,庭院内有繁茂的竹林、精致的盆景和五彩斑斓的花卉,木制家具散发出淳朴的韵味,尽显中国古代建筑的风采。庭院是心灵沉静的港湾,适合游客漫游其中,品味大自然的馈赠,或坐下来,以茶会友,共享片刻宁静。

室内装饰,一切依旧充满了传统的韵味。红木、竹编、藤编等传统材质的家具,彰显着古老的工艺与文化传承。墙上悬挂的山水画、花鸟画和书法作品,仿佛一幅幅艺术之珍,将文化氛围贯穿其中。窗帘的设计,仿佛一道道中式屏风,将外界的景致变得如诗如画。

这一切汇聚成一场中式田园风格的乡村民宿之旅,它犹如一首悠扬的古诗,将自然之美与传统文化融合在一起,为游客创造一次别样的精神洗礼,一场充满韵味的住宿之旅。

一、乐领·旗山侠隐

项目地点:浙江遂昌县龙洋乡茶园村。

面积:483平方米。

建筑设计:深圳市万境国际设计顾问有限公司。

(一)项目概况

乐领·旗山侠隐民宿项目位于中国浙江省遂昌县茶园村,这个拥有400年历史的古村落,被美丽的自然环境所环绕。该项目因山野主题和极具特色的中式田园风格室内陈设设计闻名。设计理念源自乡村活化,意在在保留原始生态和建筑外观的同时,融入现代元素,将山村改造为居民与来客混居的旅居生态村。民宿取名"旗山侠隐",源于茶园村背倚的千尺绝壁旗山和村民习武的传统。目前开放14栋房子、35间客房。著名媒体人杨锦麟担任旗山侠隐"乡贤大使"。建筑设计由美籍华人建筑大师柯卫担纲，软装设计则由深圳市万境国际设计顾问有限公司负责。

项目环境

一层平面图

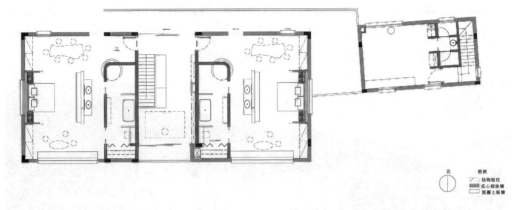

二层平面图

（二）项目概况

在乐领·旗山侠隐民宿的每一个角落,都流淌着一种诗意的栖居之美。在这里,传统与现代的融合不仅是一种视觉上的交织,更是一场时空的对话。从静谧的竹林中传来的微风,轻轻拂过精心挑选的老木制家具,似乎在诉说着古老的故事。每件家具、每个布置,都像是一首经过时间洗礼的诗,静静诉说着旧时光的轻盈与深邃。室内的每一个细节,都精心构筑着一种文艺的氛围。中式架子床下的影子,随着斜屋顶天窗透入的阳光轻轻变幻,与室内的竹编沙发、青瓷茶具交织出一幅动人的生活画卷。在这里,每个瞬间都似乎被赋予了新的意义和美感,让人不禁沉醉在这份恬静与雅致之中。

乐领·旗山侠隐民宿宛若一首轻柔细腻的中国山水诗,静静地坐落在风景如画的茶园村。这里的一砖一瓦、一物一景,都似乎在诉说着一个关于时间、艺术与自然的故事。其室内陈设设计巧妙地融合了中式田园风格,令空间如同一幅精致的水墨画,展现了东方美学的深沉与雅致。不仅仅是一个远离尘嚣的栖息之所,更是一个充满诗意与哲思的世外桃源。在这里,时间似乎变得缓慢而深邃,每一个角落都充满了故事,每一个细节都透露着美的享受。这不仅是一次宿泊的体验,更是一次心灵与自然、历史与现代完美融合的旅行。

（三）大堂空间

整个大堂的设计,不仅是对中式田园风格的演绎,更是一种时光与空间的艺术结合,为每一位访客带来一次独特的文化体验之旅。老榆木家具不仅承载着岁月的痕迹,也是对古典美学的深情致敬。长桌和沙发区的巧妙布置,如同时间的两岸,一边是历史的沉淀,另一边则是现代生活的便捷与舒适。

大堂

设计将有温度感的老材料进行全新组合

设计将有温度感的老材料进行全新组合

(四)客房空间

在一层客房中,宽敞的空间与简约而实用的家具设计相得益彰,营造出一种舒适且宁静的氛围。这些客房巧妙地根据不同的活动——观景、饮茶、休息和阅读——进行空间布局,每个区域都旨在提升居住体验的品质和舒适度。

每间客房的窗户设计各具特色,大小和形状各异,仿佛每扇窗都是一幅画,框住了外面的自然风光。透过这些窗子,游客可以饱览远山的翠绿,感受乡村的宁静,仿佛步入了一幅生动的横轴风景画。

窗下,错落有致地排列的高台和茶桌,均由当地回收的老榆木制作而成,每一件都经过精心的再切割和细致的打磨,展现出木材自然的纹理和岁月的痕迹,散发出一种历史的沉淀感。这种对老材料的再利用和珍视,不仅体现了对环境的尊重,也是对返璞归真生活理念的一种深刻诠释。

一层客房的设计巧妙地将中式田园风格与现代生活需求相结合,不仅提供了一个功能齐全的生活空间,还为游客带来一种时光流转中的宁静与美好。

客房内部

室内细部

茶桌

　　二层客房展现了一种别致的东方韵味,与一层的高雅自华形成鲜明对比。这里的设计更加注重静谧与淑华,营造出一种宁静而温馨的氛围。客房内还陈列着各种艺术作品,无形中增添了空间的文墨气息,使得整个房间不仅是一个休息的场所,更像是一个充满东方美学的私人艺术馆,让人在其中感受到一种朴质而丰盈的生活美学,既空灵又充实。

书画区

卧室内,中式架子床成为空间的焦点,融合了传统哲学和现代审美。根据古代的理念,人的气场在夜间需要被保护和聚集。架子床的设计恰好符合这一思想,其结构类似于一个小屋,优雅地契合了古人聚合和养护气场的目的。

卧室

室内细部

竹编沙发椅和艺术竹灯

（五）茶室空间

　　茶室空间陈列着各种手工艺作品，无形中增添了空间的文墨气息。这样的室内陈设设计，不仅体现了中式田园风格的韵味，更展现了一种深沉且充满东方气质的生活态度，让每一位入住的客人都能在这里找到心灵的平静与满足。

山景

品茶区

罗汉床和北京老榆木小几

二、Hei店莫干民宿

项目地点:浙江湖州。

面积:254平方米。

建筑设计:HEI建筑设计工作室。

(一)项目概况

Hei店莫干民宿位于中国浙江省德清莫干山的乡村,是一个将中式传统与现代田园风光元素融合的独特民宿项目。该项目由HEI建筑设计工作室精心改造。民宿由两栋主体建筑组成,一栋是历史悠久的老宅,另一栋建于1985年。这两栋建筑虽有近18度的错位,但通过巧妙的设计,被整合为一个有机的整体。Hei店莫干民宿的陈设设计既保留了传统生活的文化气息和时间的痕迹,又符合现代审美和功能需求,是乡村建筑改造的一种新解法。该项目不仅是对传统建筑的保护和传承,也是对现代设计理念的探索和应用。

鸟瞰,项目位于山谷中

客房首层平面图
Guest room first floor plan

1 工作室 studio
2 卫生间 Toilete
3 布草间 Linen room
4 员工休息室 Staff lounge
5 储藏室 Storeroom
6 客房B一层 Guestroom B 1F
7 客房A一层 Guest room A 1F
8 池塘 Pond
9 石坎 Stone ridge wall

0 1 2 5 m

客房一层平面图

阁楼层平面图
Loft floor plan

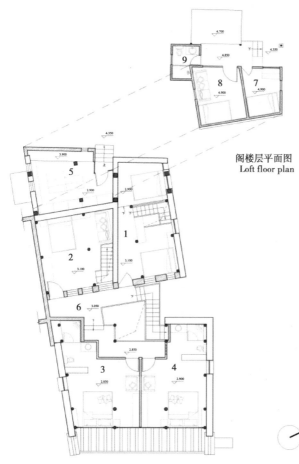

客房二层平面图
Guest room second floor plan

客房二层平面图

1 客房A二层 Guest room A 2F
2 客房B二层 Guest room B 2F
3 客房C Guest room C
4 客房D Guest room D
5 储藏室 Sroreroom
6 走廊 Corridor
7 员工休息室 Staff lounge
8 主人卧室 Master bedroom
9 卫生间 Toilet

0 1 2 5 m

(二)设计理念

1.新旧融合,彰显历史与现代的对话

设计师巧妙地结合传统与现代元素,落地玻璃、现浇梁柱与钢材代表了现代与未来的设计趋势,而木花窗、花门、夯土墙则传递出浓厚的历史与文化氛围。这种交融旨在为游客提供一个既能享受现代舒适设施,又能感受历史文化沉淀的居住环境。

2.意境的营造与情感共鸣

在设计中,团队重视"折"与"藏"的手法,这些元素不仅仅是追求形式上的美感,更是为了唤起游客的情感共鸣,希望每一个来到这里的客人,都能找到属于自己的那份宁静与归属感。

改造后Hei店莫干民宿

建筑外立面

（三）景观空间·引室外美景入室内

通过借鉴中国传统园林艺术的借景手法,将户外自然景观巧妙地引入室内空间,营造出山水意境,是中式田园风格中常见的设计策略。在 Hei 店莫干民宿中,大面积的窗户被巧妙运用,将室外的美景引入室内,增强了室内空间感,同时也让室内的装饰风格更显古典园林的韵味。置身于这样的环境中,游客仿佛身处一幅生动的山水画中,尽享与大自然和谐共生的美好体验。这种设计手法不仅突显了中国传统文化的魅力,也展现了设计师把自然与人文环境作为室内陈设设计元素的设计理念。

鸟瞰,钢梯漂浮在建筑之上

石步道连接周边景观

屋顶休息亭

公共空间

建筑内部曲折的空间

（四）公共空间·体验空间层次与趣味性

公共空间是一个集餐饮、休闲为一体的复合空间，该项目尤其追求空间层次与趣味性。公共空间和厨房布置在地块北侧更高的地上，用钢结构和大面积玻璃构筑。室内的L形、Z形串联空间设计，打破了传统布局的局限，为游客带来更多的视觉与体验上的惊喜。这种设计不仅增加了空间的层次感，还为游客提供了一种探索式的居住体验，使每一次入住都充满新鲜感。陈设细节上重视融合中式田园风格，巧妙地利用自然材料和传统元素，创造出既具有历史韵味又不失现代舒适的空间。

室内大厅

大厅

大厅一角

设计工作室

设计工作室一角

（五）客房空间·原生与艺术的结合

Hei店莫干民宿在客房陈设设计中,注重原生与艺术的结合。项目基于中式田园风格的整体设计理念,广泛采用天然材料,如木材、石材和竹制品。这些材料不仅呼应了中式田园风格的自然主题,也增添了一种原始的美感和温暖的氛围。同时,设计还避免使用繁复的装饰,偏好采用更加简约、清新的装饰,创造出既有历史感,又充满现代舒适感的居住环境。

客房A一楼

客房A二楼

客房C

客房D细节

客房 D

　　浙江 Hei 店莫干民宿是一篇自然与建筑组成的诗篇,静谧地出现在莫干山的翠绿怀抱中。它的每一砖一瓦,每一根木梁,每一块石板,都讲述着对传统工艺的尊重与现代设计语言的憧憬。百年的历史在这里被赋予了新的生命。

三、栖云·安吉茶山景观度假民宿

　　项目地点:浙江省安吉县梅溪镇钱坑桥村。
　　面积:1344平方米。
　　设计:十二楼建筑工作室(建筑/景观)、安吉恒兴装饰(室内)

(一)项目概况

　　栖云·安吉茶山景观度假民宿位于中国浙江省安吉县梅溪镇,是一个位于自然风景区的度假民宿。该项目由十二楼建筑工作室设计,打造了一个与自然环境融为一体的休闲度假场所。民宿由三栋房子(A、B、C楼)顺着台面布局,其中C楼相对独立,而A和B楼在功能和空间上联系更为紧密。建筑的南北两侧分别是竹林和茶园,这些自然元素与室内空间的结合是设计的重点。民宿的前台位于B楼,方便游客入住和退房。另外,A、B两栋楼的一楼均设置了公共区域,包括半地下的天窗和高侧窗,保证了地下空间光线充足。

民宿共有14间客房，每间客房都可以欣赏到美丽的茶山景观，并配备了舒适的用品，包括床、中央空调、全屋地暖、现代化卫浴以及定制洗漱用品等。民宿还提供了类似私人管家等贴心服务，以确保游客拥有完美的旅行体验。除此之外，民宿还种有各类瓜果蔬菜，提供原生态的食材，并配备有诸如面朝茶园的无边泳池、健身房、KTV、棋牌室、会议室等设施。

(二)设计理念

栖云·安吉茶山景观度假民宿融合了传统中式田园风格和现代设计元素，打造出了一个既诗意又宁静的空间。设计师深刻领悟中式田园风格，将其体现在每一个细节上，甚至它的建筑布局和园林设计也展现了中国传统园林的美学。轻盈的水面、精致的花坛、曲折的廊道不仅增添了惊喜与美感，更营造出和谐宁静的氛围。室内外设计的完美结合，使得自然景观与民宿浑然一体。民宿的南侧草坪和竹林，以及北侧的茶园和远山，都巧妙地融入了整体设计。

这种设计不仅仅是建筑和园林的布局，更是文化与生活方式的表达。它传达出一种理念：在现代快节奏生活中寻找宁静和自然，回归心灵的平和。

外观实景

总体布局与外观效果

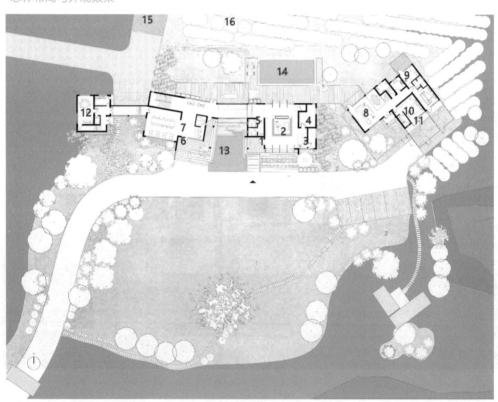

0 2 4 6m

1 主入口   9 亲子客房
2 接待大厅 10 客房
3 吧台   11 小院子
4 储藏间   12 包厢
5 卫生间   13 景观水面
6 餐厅入口 14 游泳池
7 客厅   15 户外烧烤
8 餐厅   16 茶园

总体一层平面图与周边环境

建筑外观实景

（三）公共空间

项目公共空间不仅满足了游客的娱乐需求,其室内设计还体现了中式田园风格生活哲学的核心:悠然自得和亲近自然。

A栋一层公共空间

B栋一层公共空间

　　A、B两栋楼的一层为公共区域,其室内设计普遍采用自然元素,如家具和天花板的木条,营造出一种温暖而有机的感觉。室内设计中的大面积玻璃窗将室内外自然地连接起来,这种设计使自然景观成为室内的活画,增强了田园的动态。这里的家具简洁实用,线条清晰,没有过多的装饰,风格简约实用。低矮的沙发、简洁的实木茶几和边凳保证了清晰的视觉流动,进一步强调了简约与实用的设计理念。

　　通过合理的空间利用和对自然元素的引入,民宿不仅成了一个休息和放松的理想场所,还成了提供传统与现代完美融合的独特体验空间。

室内外公共空间

室内公共空间

（四）餐饮空间

餐厅不仅仅是一处用餐场所，更是交流的平台，是体验乡野生活节奏的重要组成部分。餐厅从家具到天花板的横梁，采用天然木质元素带来了一种质朴与温馨，这是中式田园风格的典型特征。木材的纹理丰富了空间的感觉，增添了自然的温暖。在这里，游客可以品尝到由民宿主人亲手种植的时令蔬菜、从溪流中捕捞的鲜鱼和家制泡菜，这些美食不仅味道鲜美，还蕴含着生活的乐趣。

餐厅

餐厅

餐厅

（五）客房空间

客房是旅程中的私密空间,因此整洁、宽敞和明亮是基本要求,但更重要的是要能提供一种直观的舒适——窗外风景的一览无余,以及手边各种便利设施触手可及。

客房选用的中性色调营造出一种宁静舒适的氛围。开放的光线增强了自由的感觉,窗外的自然美景成为室内色彩的扩展。通过有意识地将外部环境的元素带入室内,强调一种与自然和周边环境和谐共生的生活方式。所有家具和装饰品的选择都旨在提升整体生活的舒适性,体现出对天然材料和手工的偏好,这与田园诗意生活哲学相呼应。窗户和帘幕的设计使室外的自然景色成为室内的一部分,让游客在每个清晨起床时都能享受自然之美。

客房之一

客房之二

从露台看远处的景观

客房的院子

　　窗外轻柔的山风、餐桌上新鲜的食材、院子里自家种植的蔬果、附近蜿蜒的徒步小径,以及与民宿主人的愉快交谈,所有这些细节共同构成了民宿深厚的在地文化底蕴。这种独特的韵味让民宿显得与众不同,远超过精品酒店的体验。

　　在这里,游客不仅仅是入住,更是生活。春日里,客人可亲手采摘主人家园中的白茶,夏天则能尝到茶园中丰硕的西瓜,这些都是乡土生活的美好体验。这些看似简单的乐趣,实则是民宿魅力的核心所在——建立一种与土地的真实且自然的联结。

第三章
特色民族风格乡村民宿陈设设计

从宏观角度而言,特色民族风格是一个多元而包容的概念,它不仅仅是一种艺术风格,更是一个民族在历史岁月发展过程中受到地理、气候、人文、宗教等因素影响而形成的独特文化体现。这种风格天然地融合了地域、宗教、阶级和神秘的属性,表达了人们对淳朴美好生活的向往。

在这个丰富多彩的民族风格世界中,每一种图案和花纹都是由其所信奉的宗教、风俗习惯和艺术传统等因素综合作用下形成的。由于不同民族在创作主题的特殊性和表现方法的习惯性上存在差异,各个民族的艺术作品展现出独特而迥异的风格效果。

蕴含民族文化特色的民宿,犹如一首无声的诗,诉说着悠久的民族故事。其室内陈设设计融合了民族传统的精髓,每一个陈设品,都仿佛在诉说着本民族古老的传说,发出历史的回响。墙壁上精心绘制的图案,是对自然和祖先的致敬,一笔一画都显露出对文化的尊重和热爱。

踏入这样的民宿,如同步入一个充满故事的世界。房间内的布置,从家具到装饰品,无不展现着民族艺术的独特魅力。精致的手工艺品、传统的织物,每一件都是手工艺人对美学和工艺的极致追求。

在这里,时间仿佛放缓了脚步,让人在现代生活的喧嚣中找到了一个宁静和充满归属感的空间。每一次的停留,都不是一次简单的旅行,而是一次深入了解和探索一个民族文化的奇妙旅程。

特色民族风格乡村民宿陈设设计的主要特点

　　特色民族风格是不同地域风情、文化的延伸,它结合了当地的地域文化、宗教文化和民俗特色,采用具有民族性的符号语言演绎出原始风情,形成独树一帜的风格。特色民族风格乡村民宿的室内设计可以创造出放松、亲近自然的氛围,同时融入当地的乡村本土特色,可表现独特的异域风情。它的色调大胆且鲜艳,以红色、黄色等暖色调为主,搭配着大量的图腾、编织和印花元素,这些都是其不可或缺的核心要素。材质上,偏爱天然原始材质,以赋予空间一种返璞归真的感觉。

　　最初,民族风格并未如欧式或中式装潢那般广受瞩目,但随着装潢风格多元化发展,它逐渐成为那些寻求个性化和文化探索人群的首选。民族风格的装饰并非单一文化的呈现,而是一种文化的混搭,无固定规则。例如,非洲风格不必局限于原始雨林植物或图腾,而应更注重文化元素的创意结合。

　　(1)特色民族风格中,图腾和编织是关键。图腾的混搭需颜色丰富、大胆,以红、黄等暖色为主,营造空间氛围。空间设计上,应避免单一风格,而应该将多种文化元素巧妙结合。例如,以黄色为主色调的空间,可用蓝色、紫色的抱枕作为点缀,再添加羊毛地毯以增加温暖和舒适感。

　　(2)民族风格的艺术元素如非洲艺术元素等,以纯天然材料和手工工艺为特点。这些艺术元素如雕塑、面具、织物等都充满了浓厚的民族特色。例如,摩洛哥的艺术融合了多元文化,其土陶罐、灯笼和地毯等都是装饰的佳选。这些元素的结合,不仅为室内空间带来了独特的视觉享受,也为居住者提供了一种文化上的丰富体验。

第二节
特色民族风格乡村民宿陈设设计常用软装元素

　　要打造一个令人难忘的特色民族风格民宿,关键在于突出其独特性,如地毯、挂毯和纹饰。建议在装饰时使用色彩鲜艳、图案独特的地毯和布艺,尤其是对于富有北非文化特色的设计来说。对于偏低调雅致的风格,可以选择色调柔和、图案简约的地毯和挂毯,如柏柏尔地毯系列产品,其优雅清新的色彩令人心旷神怡。

　　1.色彩

　　色彩是空间调性的主要呈现方式,民族风格为色彩提供了广阔的创意空间。可以选择清新素净的风格,运用白色、米色、土黄色等暖色调,打造温馨舒适的环境;也可以选择五彩斑斓的风格,采用蓝色、绿色、紫色、红色等鲜明色彩,利用撞色手法营造出活泼、生机盎然的空间气氛。

　　2.材料与餐具

　　首先,应重视原始风格的木家具和粗犷的土陶餐具,如塔吉锅等;其次,手工艺品是民族风格的精髓,应强调使用天然材料如亚麻、棉、羊毛、木材等;同时,家具设计也应尊重原始感,选用天然木材,并以原始感和民族风情的图案进行装饰,以增强整体的民族风情。

特色民族风格乡村民宿陈设设计经典案例分析

一、阿若康巴南索达庄园

项目地点：云南香格里拉独克宗古城。

面积：1400平方米。

建筑设计：李众。

(一)项目概况

阿若康巴南索达庄园位于迪庆藏族自治州独克宗古城内，是一处如诗如画的藏式民宿，静静地伫立在香格里拉的心脏地带，占地共2亩，总建筑面积达到1400平方米，拥有17间精心设计的客房，建筑设计由李众负责，庄园内的每一处都是对自然与文化的深度探索。这里不仅是一处住所，更是一个诉说着故事的空间，一砖一瓦都透露着深厚的文化底蕴。

阿若康巴，在藏语里意为"来吧，朋友"。曾经，茶马古道上的马帮人和旅者常常用这句温暖的话语来问候彼此，在备受欢迎的小旅馆里，奔波劳累的赶马人卸下厚重的行囊，在相互寒暄之后围坐在火塘边谈笑风生、把酒言欢。

阿若康巴南索达庄园

阿若康巴南索达庄园外观

阿若康巴南索达庄园外观

阿若康巴南索达庄园外观

阿若康巴南索达庄园外观

（二）设计理念

庄园的室内陈设设计艺术如一首赞颂传统与现代交融之美的诗篇，高耸的原木柱子和厚实的藏式建筑,好似岁月的印记,讲述着古老传说。建筑内部装饰精致而富有情感,宁静摆设的佛像、墙上的背景印花、精巧的工艺雕刻以及色彩斑斓的装饰,共同编织出一个温暖的藏族文化梦幻世界。这个被现代舒适性拥抱的传统空间里,每个细节都体现着藏民们的故事,游客可以在这里卸下疲惫,与来自四面八方的旅人交流心得,共同在篝火旁享受片刻的宁静。夜晚,繁星点缀着高原的夜空,仿佛在凝视着古老的独克宗古城。

阿若康巴南索达庄园的设计理念呈现出一种和谐而独特的融合,它巧妙地结合了自然景观的优美、地域文化的丰富性、舒适与豪华,同时又具有生态可持续性的现代理念。该庄园的设计深受当地自然环境的启发,利用了周围的山脉、湖泊和森林等自然元素,确保建筑与自然环境的和谐共处。同时,庄园在建筑风格、装饰细节以及色彩应用上都深深植根当地文化,展现了独特的地域特色和艺术遗产。

阿若康巴南索达庄园的设计是对自然、文化、舒适、奢华和生态可持续性的深刻思考和完美诠释,旨在为游客创造一个既现代又传统、与自然和谐共存的理想居住环境。

(三)餐饮空间

餐饮不仅是味蕾盛宴,更是一种对民俗文化的深度探索,每一口食物,不仅满足了身体的需求,更是灵魂的抚慰。在餐饮空间中,传统藏族元素与现代设计的简洁线条相得益彰,手工雕刻的木质家具和墙上的手绘藏族图案,共同编织出一处温暖而古朴的用餐环境。

餐饮公共空间

餐饮公共空间

餐厅

餐厅

餐厅

（四）会议空间

会议空间是实用与文化交汇的独特场域，室内陈设不仅仅是对空间的填充，更是一场对淳朴、智慧和地方人文精神的致敬。壁上的民族风壁画和脚下的手工编织地毯，展现着当地丰富的手工艺传统。现代化的会议设施与这些传统元素的融合，不仅保障了商务活动的顺畅进行，也为每一次交流增添了一抹深厚的文化色彩。

会议室

会议室

（五）客房空间

庄园里的每一间客房、每个角落都是对特色民族风格的一次独特演绎,是当地传统工艺与现代设计的巧妙结合。天花板的斜坡和裸露的木梁给空间带来自然的温暖和粗犷的质感。地面铺设的灰色石板,增加了一种质朴而优雅的美感。

客房休憩空间

客房空间设计细节

独立式的现代浴缸与浴室的其他传统元素形成对比,墙上复古的木制门框和木制镜框,洗手台旁边的铜质洗手盆与暗色的木质台面相搭配,进一步强调了这种古典与现代的结合。墙面上的装饰、家具的造型与材质、织物的纹理,甚至每一件小饰品的摆放,都经过精心考虑,旨在营造一种自然、舒适而又充满智慧的居住环境。

客房空间设计细节

客房空间

客房空间

客房空间

客房空间

客房空间

客房洗漱空间

客房洗漱空间

客房洗漱台

（六）休闲空间

休闲空间是庄园内的室内公用环境，其中的设计元素不仅仅是为了使环境美观，更是一种文化的传达和情感的交流。在这里，无论是窗外的山川湖泊，还是地面的石材和木饰材料，都在无声地讲述着大自然的神奇与奥秘，让人仿佛置身于自然与艺术的和谐交响曲中。

装饰木马

休闲空间

阿若康巴南索达庄园,这个沉浸在自然仙境中的民宿,被壮丽的山脉与宁静的湖泊所环绕,仿佛是大自然亲手绘制的一幅生动画卷。庄园的设计与布局,就如同一首赞颂自然和文化融合的诗。建筑和室内装饰巧妙地融入民族元素,每一处细节都与山水对话,与大地共鸣。采用当地材料制作的家具和装饰品,不仅显得质朴自然,更是对本土手工艺的一种致敬。

二、"十二庄园香典"民宿

项目地点:云南省红河元阳县。
面积:1500平方米。
设计公司:昆明纳楼设计工作室。

(一)项目概况

"十二庄园香典"民宿位于云南省红河元阳县,总面积1500平方米,整体设计交由昆明纳楼设计工作室负责,在这片被梯田环绕的土地上,平常的呼吸间都充满了诗意,凝视梯田的驻足都是对田园生活的美好臆想。

在香典民宿,传统与现代交织,自然与文化和谐共生,每一个角落都是对梯田文化的深情致敬,为游客提供了一种全新的田园生活方式,在搭建一个舒适住所的同时打开了一扇哈尼文化的大门,构建了游客与当地村民和孩子进行亲密互动的桥梁,让游客能深入体验村寨的日常生活,感受质朴和真诚。

"十二庄园香典"民宿

（二）设计理念

"十二庄园香典"民宿的设计灵感源于云南元阳梯田的自然美景，昆明纳楼设计工作室以"好睡好吃好玩好炫"为主题，将其打造成了一个充满魅力和温馨的休憩之地。同时，香典民宿主持了店长体验计划，邀请来自世界各地的专业人士，共同探索和体验这片充满生机的土地。这不仅是一种文化交流，更是一次心灵的触动。另外，将所在的全福庄中寨打造成活态文化遗产体验村的计划，更是一次对传统种/养殖文化的复兴与传承，让游客不仅能见证村庄的转变，还能亲身参与传统节庆仪式，感受那份过去与现在交织的独特韵味。

（三）接待空间

前厅宛如一幅浓墨重彩的云南风情画，其陈设艺术巧妙地融合了编织结构和木质结构，色彩丰富的壁画在橘黄色的背景上显得生动而富有表现力，壁画旁的传统家具和花瓶及其中的自然元素，如干枝和稻穗，增添了一丝乡土的质朴感。整体上，这种设计体现了对自然美的尊重和对传统文化的认同，同时也为室内空间带来了视觉焦点和文化氛围。

民宿前厅

大厅一角

装饰鸟

（四）户外空间

户外空间的墙面上巧妙地融入了稻谷谷粒，创造出一种充满凹凸质感的视觉和触觉体验，这些谷粒不仅是装饰，更是对土地和农耕文化的深情诉说。在这里，每一步行走都能感受到木质地板的温暖和坚实，每一次触摸都能体会到墙面稻谷的独特质感。整个民宿就像是一首诗、一幅画，展现了云南多彩的文化和自然之美。在这样的环境中，每一位到访的游客都能深刻体验到当地的生活方式和文化氛围，古朴的颜色和质感在空间中巧妙地运用，使得整个建筑仿佛自然地融入周围的环境之中，这种设计选择不仅体现了对自然的尊重，也意味着民宿与周围环境实现了和谐共生。

古朴的石砌墙面

民宿外立面

(五)休闲空间

在这个充满特色民族风格的休闲空间,一个宽阔的风景窗成为空间的视觉焦点,它巧妙地将窗外的自然美景引入室内,创造出一种如画般的效果。这个窗口不仅是一扇看世界的窗,更是一个将自然与室内生活无缝连接的艺术品。

休憩区

客房休息区

休憩区

大厅一角

卫生间

民宿楼梯间

楼梯间窗框如画

（六）餐饮空间

餐饮空间的装饰融合了地中海的轻松气息与本土民族风情的独特魅力，条纹沙发的地中海风格与民族风格的抱枕相互映衬，为室内空间增添了丰富的色彩和纹理。这些装饰不仅带来视觉的享受，更体现出文化的交融。每一件生活用品都以其简约的设计和实用性，为这个空间增添了一种温馨而舒适的感觉。

餐饮空间

餐饮空间

（七）客房空间

　　该民宿客房展现了一种融合民族特色与现代设计的独特风格,室内的每一处配饰都巧妙地体现了哈尼文化的丰富元素,创造出一种既古朴又时尚的居住环境。室内设计以中性、温和的色调为主,以白色墙面和木质元素为基础,旨在营造一种宁静和纯粹的氛围,蓝色抱枕也为整体中性的色彩带来了焦点和活力。现代设计理念在家具选择和空间布局中得以体现,既保持了舒适和实用,又不失民族本土特色,让每位游客都能在现代的舒适中感受到哈尼文化的独特魅力,享受一种独有的文化融合体验。

　　同时,设计师巧妙地运用大面积的落地玻璃窗设计,为每间客房提供令人陶醉的自然景观视角,特别是顶层的星空房,拥有三面落地窗,让人仿佛置身于广阔的自然之中,可以在夜晚欣赏到繁星点点与辽阔天空。床本身是简约风格的木制床架,上面铺有带鲜艳传统图案的床罩,图案中融合了多种色彩和几何形状,给空间带来活力和色彩的对比,床上摆放着几个装饰性枕头,每个枕头都有本土化的图案和颜色,增加了文化和视觉的层次。落地窗外的风景与房间内的民族风格装饰相得益彰,创造了一个既现代又充满民族特色的居住空间。每一处细节都反映出设计师对自然美景与民族文化的深刻理解和巧妙融合。

客房

客房浴缸

客房设计细节

客房储物柜

客房一角

从窗框外看客房室内

客房

客房

客房装饰

客房一角

客房储物柜

客房卫生间

古铜色洗手台

浴缸

客房室外看台

屋顶夜景

（八）体验空间

在体验手工室中，空间整体白与灰的碰撞，搭配木色的点缀，营造出一种柔和、宁静的氛围。民族特色民宿酒店借用当下的住宿消费文化与民族的手工技艺，正在以一种新的方式吟唱古老情愁。

手工室

手工室设计细节

手工室桌椅

三、26Life族迹民宿

项目地点：昆明市官渡区。

（一）项目概况

26Life族迹云南民族创意客栈，是如一串珍珠般串联起云南省丰富多元民族文化的民宿品牌。这个品牌的独特之处在于，它的每间客房都如一幅生动的画卷，展现了云南不同民族的独特文化韵味。民宿巧妙地将丽江的纳西族、大理的白族、西双版纳的傣族等多样的民族文化元素融入其装修和设计中，创造出一个足以猎奇和进行文化探索的空间。

（二）设计理念

26Life族迹民宿不仅提供了一处住宿的空间，更能开启一段文化探索的旅程，每间客房都仿佛是一个迷你的民族博物馆，让游客在享受舒适的同时，深刻体验和理解云南各个民族的文化和生活方式。这些客栈的设计和服务，无不体现了对云南当地文化的深切尊重和精心传承，为旅行者提供了一个深入探索云南民族多样性的独特窗口。在这里，每一间客房都是一种民族文化的体现，室内的装饰、色彩与所代表的民族紧密相连，让游客每一次停留都能深刻感受到淳朴的民族风情，探索不同的人生故事和文化轨迹。

(三)公共空间

客栈内部的设计和布局都经过了精心策划,旨在深入呈现云南的民族风情。天花板上鲜亮的绿色与木材的土色调相衬,而棋盘格的地板则增添了一丝经典的触感。传统的装饰品和吧台上的瓶瓶罐罐提供了一种装饰美学,暗示了现代与民族的融合。蓝色的窗帘在温暖的木色调和植物的绿色中非常突出,创造了一个既活泼又质朴的色彩方案,这种颜色的选择既可以平静又可以振奋,丰富了空间的氛围。

前厅

户外茶室

（四）客房空间

26Life族迹民宿，如同一本翻开的多彩民族志，能为游客呈现26种独特的云南民族风情。

民族特色房

藏族主题的房间仿佛一幅生动的高原风情画。房间内部的设计灵感取自传统的藏族碉房，每一处细节都洋溢着浓郁的藏式气息，床头飘扬着色彩斑斓的经幡，每一面幡帜都像是在低语，诉说着藏族文化的深邃与神秘。

藏族民族特色房

墙上挂着的艺术作品和房间中央的装饰性圆盘,如同藏区的宝石,光彩夺目。它们不仅是空间的视觉焦点,更是文化的载体,展现了高原的景色、人物和传说,为房间注入了一股文化的灵魂。这些精心挑选的装饰,让每一位踏入房间的客人仿佛步入了一个充满故事的藏族世界,能感受到那份原始而纯粹的文化韵味。

　　纳西族主题的房间仿佛一本打开的历史长卷。床头悬挂着神秘莫测的巴格图。这些古老的图腾不仅承载着纳西族的智慧,也是选择与预测的神秘符号,给房间增添了一种神秘而深远的文化氛围。

　　墙壁和楼梯上,跳动着优雅的东巴文字,它们不单是文字的记载,更是纳西文化的灵魂。这些古老的符号仿佛在诉说着遥远的故事,将房间化作一个充满魅力的文化空间。在这里,每一个角落都洋溢着纳西族的历史与文化,让每一位客人在宁静的住宿中,亦能感受到纳西文化的深厚底蕴和无限魅力。

纳西族民族特色房

　　独龙族主题的房间展现了一种沿河谷与山麓而居的自然韵味。房屋的建筑和装饰以木质材料为主,展现了一种原始而纯粹的美学,这种设计不仅体现了独龙族居住环境的自然特点,也带给游客一种回归自然、质朴生活的体验。

独龙族民族特色房

　　大理白族主题的房间犹如一幅古朴而淡雅的画卷。房间的设计灵感来源于大理白族传统民居，以白墙青瓦为主要装饰风格，体现了一种古典与优雅的结合。床上用品、窗帘和地毯等均采用大理白族特有的扎染布料制作，这种布料以其自然的色泽、耐用性以及清凉的触感而闻名，为房间增添了一种原生态的美感和舒适感。这些细节不仅展现了白族文化的独特魅力，也为住客提供了一次身临其境的文化体验之旅。

大理白族民族特色房

佤族主题的房间充满了原始的神秘气息。房间中不可或缺的是牛头装饰,这在佤族文化中具有特殊的意义。牛在佤族文化中被视为神圣的象征,代表着庆祝、祈福和吉祥。这些牛头装饰不仅彰显了佤族文化的独特性,也为房间增添了一种神秘而庄严的气氛,让游客在这里能深切地感受到佤族文化的精髓和神韵。

佤族民族特色房

傣族主题的房间深受傣家竹楼建筑的影响。室内设计精巧地运用竹子作为主要装饰元素,从天花板到墙壁,无不体现着竹的自然之美。房间内的家具也大量采用竹制材料,不仅展现了傣族文化的独特魅力,也为游客提供了一种亲近自然的舒适体验。

傣族民族特色房

摩梭族民族特色房

基诺族民族特色房

苗族民族特色房

怒族民族特色房

景颇族民族特色房

昆明的26Life族迹民宿，如同一幅精心绘制的生活艺术画卷，巧妙地将传统与现代的线条交织在一起。在这里，室内设计不只是空间的排布，而是一种生活美学的诠释，优雅地融合了云南多姿多彩的民族文化。每个角落、每件装饰，都在无声地讲述着民族故事，让游客们在现代生活的便捷舒适中，沉浸于云南的文化魅力，体验一场视觉与心灵的双重旅行。

第四章
自然主义风格乡村民宿陈设设计

　　自然主义起源于19世纪末20世纪初的西方美学运动，深受当时的文学和艺术思潮影响。它的影响范围极为广泛，从哲学到美学，从中国古代的道家思想到西方的现实主义。它所追求的，是一种纯粹的"自然之美"，这与中国道家哲学中"道法自然"的美学理念不谋而合。

　　自然主义风格经历了多个艺术运动的变迁，经历了诸多变化，但其核心理念——从自然中获取灵感，始终未变。这一理念源于自然，最终也回归于自然。自然主义在设计上受到材料特性和设计目的的启发，主张艺术与设计应遵循自然的发展规律。英国工艺美术运动的重要人物威廉·莫里斯，在多个设计领域留下了深刻的印记。他的建筑作品"红屋"，以自然为灵感源泉，对自然主义风格的发展具有深远影响。

　　新艺术运动时期，自然主义设计理念得到进一步完善。设计师们希望通过融合自然元素与设计，缓解人们的焦虑，送去一种心灵的慰藉。现代主义艺术设计引发了一场国际性的设计运动，美国赖特等代表人物的设计理念突出了自然主义的设计观念，强调建筑应与环境和谐融合。

　　在中国，传统道家思想中的"道法自然"与自然主义理念相呼应。道家的核心观点，特别是老子提出的"道法自然"思想，为中国传统美学奠定了基础。这一学说对古代艺术的美学思想产生了深远影响，传达了真与美统一的观念。

　　道家和自然主义共同认为，世间最美即为最自然，最高的审美境界和标准在于顺其自然之道，体现出质朴自然之美。因此，许多艺术家追求的是一种自然的审美理念。

　　自然主义思想强调个体与整体之间的和谐与统一关系。在设计领域，它倡导设计应顺应自然关系，通过其独特的属性连接人与物，从而实现和谐与道法自然的统一。

自然主义风格乡村民宿陈设设计的主要特点

自然界的魅力穿越了历史的长河。在人类不断扩展其领土的过程中,对自然之美始终怀有深深的渴望,寻求在大自然的怀抱中找到宁静与心灵的慰藉。自然主义风格的民宿以其亲近自然的设计理念而闻名,旨在为游客提供一种融合自然元素和现代舒适性的住宿体验。这种风格的民宿通常位于风景如画的自然环境中,如山区、森林、海边或乡村地区,让游客能够直接接触和欣赏自然之美。

自然主义风格的民宿倾向于使用生态友好和可持续的材料,如天然石材、木材、竹子和再生材料。相关建筑通常采用开放式布局,大量使用玻璃窗户和天窗,以便尽可能地引入自然光和风景。外部设计可能包括露台、阳台或大型开放式空间,供游客欣赏周围的自然环境。自然主义风格的民宿还强调户外活动和自然体验,如徒步旅行、观鸟、瑜伽或冥想。这些活动使游客能够亲近自然、放松身心。整体而言,这种风格的民宿能为游客提供一个远离都市喧嚣、亲近自然的避难所,是体验自然之美和平静生活的理想之地。

(1)自然主义风格的软装设计强调使用天然、环保的材料,如木头、石头、竹子、藤条、棉麻布料等。这些材料不仅环保,而且能够营造出一种温馨、舒适且质朴的氛围。

(2)在色彩搭配上,自然主义风格的设计倾向于使用大地色调,如棕色、米色、绿色和灰色等。这些颜色能够使空间看起来更加宁静和放松,同时也能很好地与自然环境融合。

(3)自然主义风格的软装设计追求简洁和实用,避免过度装饰。家具和装饰品的线条通常简单流畅,避免复杂的图案和装饰。装饰品可以使用手工制作或带有自然纹理的物品,如石雕、木雕、手工编织品等,为空间增添独特的艺术感。除此之外,植物是不可或缺的元素。室内植物、花卉或绿墙,可以增加空间的生机和活力,同时也有助于净化空气。

自然主义风格乡村民宿陈设设计常用软装元素

1. 自然纤维的纺织品

自然主义风格室内陈设设计中的自然纤维纺织品包括亚麻、棉、麻、羊毛和竹纤维等。亚麻因其轻盈、透气的特性适合用于制作窗帘、床单和桌布,能带来简约优雅的感觉;棉质纺织品因其透气性和吸湿性,常用于制作床品和沙发套,易于清洗维护;麻纤维的坚韧耐用性使其成为地毯和墙面装饰用料的理想选择,展现粗犷自然的美感;羊毛则因其优良的保温性能,常用于制作毯子和抱枕,以增添温暖和质感;竹纤维柔软、抗菌且环保,适用于制作床上用品和窗帘。此外,藤编和草编虽不属于纺织品,但也是自然主义设计中的重要元素,常用于做篮子、家具和装饰品,增加原始和手工制作的感觉。这些自然纤维的运用不仅美观,还强调环保和可持续性,增强了室内空间的自然感和舒适度。

2. 手工艺品

自然主义风格室内陈设设计中的手工艺品包括手工制作的陶瓷器皿,如花瓶、碗、盘等,具有独特纹理和色彩的陶瓷,以增添自然质感和艺术氛围;反映自然景观或乡村生活的手工绘画和摄影作品作为墙饰,能为室内空间带来视觉焦点,展现对自然之美的赞颂;手工制作的纺织品,如钩针编织的毛毯、手工缝制的抱枕套等具有温馨的家庭感,能为室内空间增添温暖和舒适;自然材料的装饰品,如使用树枝、石头、干花等自然材料制作的装饰品,能突出自然元素的美感,与自然主义风格的室内设计完美融合。

3. 植物装饰

自然主义风格室内陈设中的植物装饰包括室内盆栽、垂挂植物、大型观叶植物、花卉摆设、盆景和微景观以及绿色墙面设计。这些元素不仅能增添空间的自然美感和生机,还有助于净化空气和愉悦居住者的身心,创造出健康且愉悦的居住环境。

4. 木制或竹制家具

木制或竹制家具因其天然材质和环保特性被广泛应用。这些家具通常保留了木材或竹材的自然纹理和颜色,体现了简约而不失优雅的美学特点。木制家具如橡木、松木或胡桃木的桌子、椅子和床架,营造了温暖和质朴的氛围,而竹制家具如竹椅、竹架和竹编装饰品,则以其轻盈和弹性特点,增添了一种轻松自然的氛围。

5.自然元素的图案

在自然主义风格的室内陈设设计中,自然元素的图案起着重要的装饰作用。这些图案通常包括山水、植物、动物、树叶、花朵等自然景观或生物,它们可以出现在各种家居用品,如墙纸、窗帘、抱枕、床上用品、地毯和艺术品等上。这些图案以其生动的形态和自然的色彩,为室内空间增添了生机和活力。

6.暖色调的灯光

在自然主义风格的设计中,通常使用各种类型的灯具来营造暖色调的光线,包括落地灯、桌灯、壁灯和吊灯。这些灯具不仅提供照明,还可以作为装饰元素,增加室内的美感。

7.原木或石材元素

在自然主义风格的室内陈设设计中,原木和石材元素是核心组成部分,它们的使用强调了对自然美的追求和对真实材质的欣赏。原木元素常用于家具、地板、墙面和天花板设计,带来温暖和自然的质感。石材则用作地面、台面和浴室装饰,为空间增添冷静的高贵感。这些材料不仅美观耐用,还体现了简约生活和回归自然的设计理念,能营造出一种质朴、舒适的居住环境。

自然主义风格乡村民宿陈设设计经典案例分析

在低声细语的树叶和柔和起伏的风景中,融入自然风光的民宿宛如一颗隐藏的宝石,将人类的艺术与自然的雄伟融为一体。这是一个用宁静的笔触雕刻而成的避风港,这里的每一个角落、每一个转弯,都是对户外的刻意歌颂。

在民宿中,客人不只是停留;他们被大地的诗意所拥抱,被邀请去体验大地的诗意,在星空的织锦下入睡,并在黎明的交响乐中醒来。正是在这里,在隐居的私密性和开阔的荒野中,人们发现了并珍惜与世界本质的最真实的联系。

这里我们挑选了三例"隐身"于自然中的民宿,它们充分诠释了现代设计和自然环境的融合,利用人对大自然的天然归属感,将自然主义风格和本色的材质运用于室内设计中,完美打造出一处会呼吸的空间,令人放松,静享与大自然的融合。

一、拾山房民宿

项目地点:重庆市巴南区天井坪。

面积:2200平方米。

室内设计:治木设计。

(一)项目概况

拾山房民宿位于重庆市巴南区天井坪,它坐落在海拔近800米的悬崖顶上,环境优美、视野开阔。建筑紧邻落差300多米的悬崖,周围云海缭绕,松林茂密,梯田环绕,拥有得天独厚的风景资源。

民宿由两栋建筑组成。1号楼设有酒吧、屋顶花园露台和18间客房,每间客房均配备无线网络和家庭影院投影仪。2号楼设有接待大厅、供应重庆当地菜肴的餐厅、多功能会议厅和娱乐室。公共区域设有无边际泳池、森林平台、停车场。

项目模型图

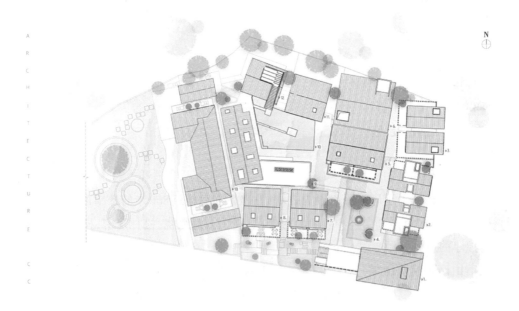

项目总平面图

项目剖面图

项目透视图

暮色中的拾山房民宿

(二)设计理念

拾山房民宿设计和建造充分利用自然地形,解决了景观营造、空间组织和自然元素融合的挑战。这一概念概括了"山集四季"的环境精神,其中"拾山"意味着登高山体验四时的精髓,"房"象征着一个心灵回归简单的空间。客人在"山上有云"的主题理念下,悠闲漫步,享受原野,同时参与生态教育。

(三)客房空间

在这个远离尘嚣的乡村民宿之中,每一间客房都是一处超凡脱俗的安宁避风港。它们不仅仅是奢华与闲适的象征,更是心灵的栖息地。在这里,人们可以慵懒地躺卧,凝视窗外那片连绵不断的山峦,任思绪随着缥缈的云雾自由飞翔。

客房起居室

室内陈设采用自然主义风格，与外界的自然风光和谐相融。每一件家具、每一块布料，都是精心挑选过的，旨在创造出一种平和的氛围。木地板和楼梯踏板的温暖与布艺沙发和白色墙壁的清晰、干净的线条相得益彰。自然光从窗户倾泻而入，照亮室内并突出房间的纹理和特色。吊灯既是一种功能性照明光源，又是一件引人注目的作品，其球形形状和集群增添了现代艺术气息。整体配色内敛、优雅，使建筑元素和外部景观占据中心舞台。质朴的调性里藏着一种合乎时宜的分寸，纹理质感刻画出生活的烟火气，打磨掉冰冷的工业感，呈现出温暖随性的体验。在这里，大自然的韵律与室内设计的温馨相得益彰，共同编织出一幅静谧而美好的生活画卷。

闲适的客房一角

客房外的山景

客房

客房

洗浴空间

（四）公共空间

在民宿的公共空间中,两侧的高悬窗和灵动的移门巧妙地营造出一个自然的通风通道。春风拂过,带来花香和清新的空气;夏日里,凉爽的微风轻轻吹拂,为炎炎夏日带来一丝凉意。而在金秋和寒冬,这些精心设计的窗户不仅保持着室内的新鲜空气,还巧妙地降低了能源消耗,既环保又实用。

复古式家具的选择表现出对时间和传统的尊重,同时又以和谐的方式融入现代设计之中。照明的策略性布局在房间中创造出一种光与戏剧性的呼应。这种照明不仅突出了材料的曲面,还为空间增添了动态的视觉元素。例如,光线在刚性家具和物体地面上的反射,为室内带来更加丰富和层次分明的视觉体验。自然光的运用强调了房间的垂直度和开放性,同时也引起人们对家具和装饰品雕塑的重视。

无论是从窗外引入自然景观,还是室内材质和装饰的选择,都强调与自然和谐共处。在这里,游客的每一次呼吸都会感觉与自然同步,每次凝视都能体会到自然的温柔与壮美。

大厅局部,阳光透过高侧窗洒落进来

餐厅空间悬窗的设计

木格栅窗户与门的光影的刻画

美妙的光影

二号楼的公共空间

静谧舒展的公共空间

（五）休闲空间

　　酒吧区域成为民宿社交的中心。地面采用的是原始的混凝土，与天花板历经岁月洗礼的旧木料相得益彰，共同营造出一种复古而富有层次的肌理感。在这个充满故事的空间里，壁炉成为视觉的焦点，散发着温暖而诱人的光芒。

温暖舒适的酒吧空间

每一件陈设都是主人在旅途中精心挑选的，散落在酒吧的每一个角落。它们不仅仅是陈设，更像是故事的载体，诉说着过往的旅行足迹和未知的冒险故事。这些家具与自然主义风格的室内陈设相融合，营造出一种既有历史感又不失现代风情的独特氛围。在这里，每一次聚会不仅是一次简单的社交活动，更是一次身心的愉悦旅行，让人在古老与现代、自然与人文的交织中，找到属于自己的那份宁静与喜悦。

老家具的独特味道

拾山房民宿设计随着四季轮回而细腻地变换着它的色彩和氛围。春天，它在门槛上温柔地迎接着万物复苏；而当冬日来临，它又在炉火旁静静地迎接着世界的宁静与沉思。这里不只是一个简单的栖息之所，还是一个让时间放缓步伐、与自然的节奏共鸣的避风港。

二、青普文化行馆·阳朔云庐民宿

项目地点：广西阳朔兴坪杨家村。

面积：3700平方米。

主创设计师：汪莹。

(一)项目概况

"青普文化行馆·阳朔云庐民宿"位于广西阳朔兴坪杨家村,其设计融合了传统与现代文化的精髓。它由六栋桂北传统民居构成,共提供26间充满故事的客房。这些建筑,经过细致的保护与修复,不仅完美地保留了当地民居的"三大空间"结构,更是让最纯粹的黄泥墙、坡屋顶、瓦顶结构在喀斯特地貌的怀抱中显得格外和谐。

"青普文化行馆·阳朔云庐民宿"所获的国内外大奖有许多,诸如DOMUS第五届改造与保护类国际大奖银奖(2015)、ARCHMARATHON奖、《城市·环境·设计》(UED)杂志"2016中国最美民宿大奖"、2016中国最具品质的民宿精品酒店奖等。

(二)设计理念

项目巧妙地将城市生活的舒适与乡村生活的朴素相结合,达成了一种舒适的平衡感。每一次翻修,都以极度谨慎和尊重的态度进行,旨在保留那些古老农舍的天然材料,同时对其进行现代化升级,既满足了现代生活的需求,又不损害其原有的风貌。

"青普文化行馆·阳朔云庐民宿"不仅是酒店业的一份珍贵文化遗产,更是生态可持续发展的典范。它成功地保留了当地建筑和文化的真实性,同时为游客提供了一个在阳朔著名景观中享受宁静的理想度假胜地。在这里,每一次停留都是一次与自然和谐共存的美妙旅程,让人们在这片土地上感受到历史的深度和自然的温柔。

青普文化行馆·阳朔云庐民宿夜景

青普文化行馆·阳朔云庐民宿

青普文化行馆·阳朔云庐民宿入口

（三）接待空间

设计师以自然共生为灵感,创造出一个既现代又温馨的居住环境。室内的改造提升了空间的层高,带来更为开阔和通透的感觉,同时在设计上力求现代化,完美契合当代生活的舒适和便捷。这些变化不仅体现在私人空间,也融入了公共区域。

餐厅、泳池、瑜伽空间都是新建的,每一个角落都经过精心规划,旨在促进人与自然、建筑、现代与乡土之间的和谐对话。在这些空间中,传统与现代的元素巧妙融合,创造出一种既有历史感又不失时尚气息的独特氛围。玻璃门的大量使用确保空间沐浴在自然光中,增强室内活动的可见度,并加强与庭院的视觉联系。裸露的砖墙、光滑的灰泥表面和座椅的柔软内饰并置,形成纹理对比,增加了空间的深度和视觉趣味。垂直的木板条作为视觉屏障和设计特色,在不封闭空间的情况下创造出一种分离感。

一层的厅堂吧台

休憩区

一层楼梯

(四)客房空间

客房之中,光影与结构交织出一曲动人的视觉交响乐。它们在室内外的界限上进行着一场诗意的舞蹈,激发出一种生动且动态的互动。每一道光线穿过窗户,与空间的每一个角落相遇,都在讲述着时间与空间的故事。

在材料的选择与运用上,改造后的建筑精心选取了原生态的混凝土、再生木材、竹子和黑钢等元素。这些材料不仅彰显了一种简约而纯粹的美学理念,更体现了对自然和真实之美的追求。裸露的天花板横梁保留了传统的施工方法,为房间增添了特色和历史连续性。木材的使用呈现出明显的自然色调,与墙壁的泥土色调形成鲜明对比,创造出一种既质朴又现代的美感,每一处细节都在无声地诉说着对自然的敬畏和对生活的热爱。

客房

客房

客房

客房内景

（五）餐饮空间

天然材料的使用，如精选木材和石材，赋予了餐饮空间一种质朴而温暖的氛围。在这里，精心烹制的佳肴在木质桌面上展现其色香味俱佳的特质，与周围的自然美景相映成趣。落地窗外，是绵延的山川与清新的空气，为用餐体验增添了一份宁静与和谐。

餐饮空间

庭院餐桌

（六）休闲空间

在"青普文化行馆·阳朔云庐民宿"中，休闲空间是让人流连忘返的天地，阅读空间则是一处心灵的栖息地，舒适的阅读角落，配备了柔软的座椅和温馨的灯光，创造出一个理想的阅读环境。在这个安静的角落，人们可以在书海中徜徉，让思绪随着文字游走于不同的时空。

阅读空间

娱乐空间

"青普文化行馆·阳朔云庐民宿"就像一首赞美大自然的诗篇,颂扬着天然材料的原始之美和乡村生活的悠然节奏。在这里,精致的艺术与恬静的奢华交织成一幅幅生动的画面。每一个角落,每一个细节,都是对自然主义美学的深刻体现,与周围的自然景观和谐共存,共同构建出一片宁静而优雅的生活空间。

三、椒兰山房·叠院

项目地点:四川成都邛崃市郭山村。

面积:3400平方米。

设计团队:赤橙建筑空间设计。

(一)项目概况

椒兰山房·叠院项目位于四川省成都市邛崃市孔明街道郭山村,是由赤橙建筑空间设计公司负责设计的。设计团队努力在旧建筑的修复和空间创新中寻求平衡,使建筑在现代感中和谐生长,同时保持与传统的联系。

建筑原有的地形高差得以保留,既展现了地域的原生态,又增添了建筑的层次感。四栋老建筑经过精心的改造重建,与新建的五栋单体建筑形成一个和谐的整体。这些新建筑从传统的川西民居结构中提炼出独立的体块,营造出多层次、高差丰富的空间动线,形成了一个庭院相间、内外相连的复合建筑群。此外,项目还注重在建筑和空间创新中维护历史与现代之间的动态平衡,抽离烦琐,用朴素的设计语言赋予建筑新的生机。

(二)设计理念

设计理念深植于"在地主义",致力于营造一种自然主义风格与川西传统民居建筑风格和谐共鸣的现代居住空间。其室内设计既体现了当地文化的韵味,又融入了现代生活的舒适。无论是静坐庭院,还是漫步建筑之间,游客都能感受到一种自然与文化的深刻对话,在这里找到与自然和谐共生的美好时刻。

椒兰山房·叠院鸟瞰

椒兰山房·叠院航拍顶视图

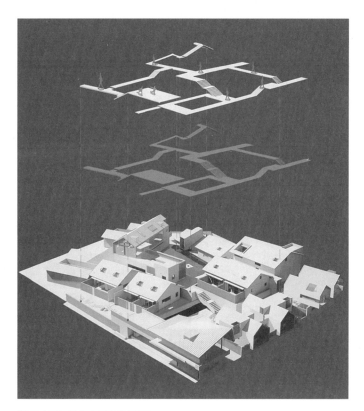

椒兰山房·叠院流线分析图

椒兰山房·叠院入口

餐厅外观

餐厅外观

屋顶细部

外墙材料温润自然，融入本土环境

（三）接待空间

　　室内前厅巧妙地运用大尺度的透明开放式立面玻璃，模糊了建筑、室内与自然环境的界限。自然光线透过大型落地窗倾泻而入，强调了内部简洁的线条。坚固石材的接待台形式与其后面纹理墙的垂直线条形成鲜明对比。天花板设有嵌入式照明轨道，遵循房间的线性美感，为光线提供定向质量。

　　随着时间的流逝，太阳的轨迹缓缓移动，光线也随之在空间中演绎出不同的故事。早晨的第一缕阳光温柔地照进室内，拉长了影子，为空间带来一天的生机与希望。当太阳升至天顶，明亮的光线在室内跳跃，点亮了每一个角落。而傍晚时，斜射的阳光洒在墙面上，带来温暖而宁静的气息。

　　这样巧妙的设计不仅展现了自然主义风格的魅力，更是对光与影、自然与建筑之间关系的深刻探索。在这里，光线不仅仅是自然的赐予，更成了空间叙事的重要元素，为室内带来不断变化的美学体验。

室内前厅

前厅二层

(四)餐饮空间

在餐饮空间中,大面积的窗户不仅引入了充足的自然光,还为居住者提供了室外景观的视野。橙色天花和桌椅与木质元素的现代相配合,进一步增强了空间的温馨感,营造出一个既亲近自然又不失现代雅致的用餐环境。在这里,每一次的用餐都是一次与自然和谐共处的体验。它不仅仅是一次简单的饮食过程,更是一种生活艺术的享受,让人们在品尝美食的同时,也能感受到自然的美好与宁静。

餐厅细部

亲子餐厅

餐厅室内细部

餐厅室内细部

餐饮空间

餐厅细部

(五)客厅空间

客厅空间融合了自然美学与现代设计理念,提供了一种既亲密又放松的环境,用灰色、白色和木色调营造了一种现代、简约且放松的氛围。中心的咖啡桌简洁实用,与周围的装饰和家具协调一致。墙壁上圆形的艺术物品,更为空间增添了一种抹布氛围。墙面上的原木饰板、天然石材的地面、精选的竹制品,每一处都展现着质朴的美感。舒适的沙发和椅子,以其柔软的纹理和温暖的色调,邀请着人们在此停留,享受悠闲时光。

客厅

客厅

客厅细部

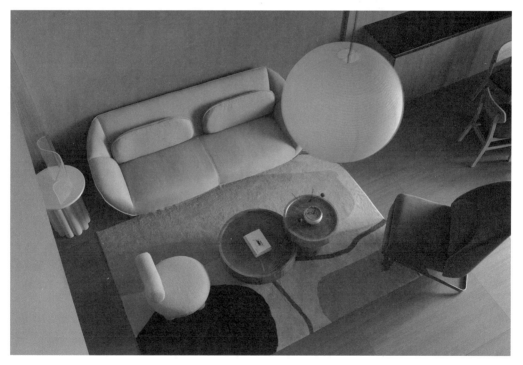

客厅细部

客厅细节

客厅细节

游戏平台

游戏平台

（六）客房空间

引入天光的卧室空间,让人感受到大自然的礼遇。清阳曜灵,和风容与。房间采用几何形状的设计元素,半圆形的天花板,增加了空间的视觉高度。中断和天花板采用柔和的中性色调,与窗外的绿色植被形成对比,进一步加强了室内外连接的视觉效果。立面和顶部的色彩是灰色调,与蓝色的背景相结合,形成冷暖对比,给空间带来深度和现代感。

卧室

客房内的陈设,如优雅的原木家具、柔软的天然纤维织品,以及手工制作的陶瓷装饰品精心选择天然材料。这些材料以其原始的美感和质朴的魅力,营造出一种温暖而舒适的氛围。床铺上铺着精选的亚麻床品,提供了一种简约而不失奢华的睡眠体验。

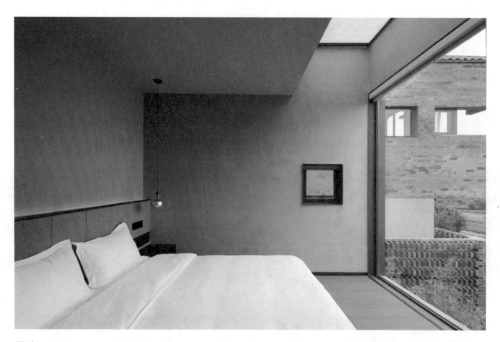

卧室

卧室

卧室细部

椒兰山房·叠院的设计艺术,不仅在于其创新的表现手法,更在于它如何让当代生活在其中找到共鸣。设计中巧妙地保留了原场地的自然错落,使得建筑本身就像是一首多层次的立体诗篇,拥有着结构上的高差和动感。

这种独特的设计赋予了屋顶一种自然而流畅的韵律,每一坡每一角都成了欣赏周围景致的最佳之地。在这里,每一个转角都可能是一处绝佳的观景台,每一个窗户都框出了一幅生动的自然画卷。在这些多层次的空间中,人们可以在每个角落发现不同的景色和感受,就像是在自然中漫步,每一步都充满惊喜。这种设计,完美地融合了自然主义风格与现代生活的需求,为游客创造了一个既有情调又富有诗意的休憩之所。

四、四川拾捨·竹里馆

项目地点:四川宜宾。

面积:1150平方米。

设计团队:杨永铨建筑设计事务所。

(一)项目概况

拾捨·竹里馆位于四川宜宾,是一个现代设计框架与中国传统文化理念相结合的项目。这个项目通过尊重历史和回归自然的设计理念,展现了对中国传统文化的深刻理解和坚持。项目包括室内设计和景观设计,室内面积为1150平方米,景观面积为900平方米。设计和建设充分考虑了自然材料,特别是竹子的使用,以反映出自然和质朴的美学价值。

项目由云南杨永铨建筑设计事务所主导设计。拾捨·竹里馆不仅仅是一个室内设计项目,还融合了景观设计,创造出了一个与自然和谐共存的空间。该项目的设计和实施展示了如何通过现代建筑手法和传统材料的结合,创造出既现代又传统的空间,强调了与自然的连接和对历史的尊重。

(二)设计理念

拾捨·竹里馆的设计理念深深植根于对中国传统文化的尊重以及中国传统文化与现代设计的结合。该项目的核心设计理念源自竹子,后者代表自然、朴实和环保。整个设计过程力求尊重自然。设计师通过将竹材加工为片状、条状和板状,以及高温蒸煮、石灰水浸泡和照明处理,增加其耐用性,同时尽量避免油漆,以追求环保,旨在创造出一个和谐共存的空间,让人们在现代生活的快节奏中找到片刻的宁静和放松。

(三)入户空间

在内部设计上,竹里馆运用竹条、竹片和竹皮等不同肌理的材料,创造了各个空间想象的参照,如拱形的竹编和原竹构筑的过道顶面,旨在引发对时空的影响"错乱"的感受,增加空间的独特性和艺术气息。另外,设计框架虽然现代,但背后反映了对中国传统文化的理解和坚守,呼应了尊重历史、回归自然的设计哲学。

入户楼梯

楼梯间的定义是光影的动态变化,通过在复杂的格子结构上使用现代吊灯来增强效果。温暖的木质色调与凉爽的混凝土或石材纹理之间的对比形成了精致的调色板,而中央水景则增添了有机的触感,体现了与自然和谐相处的文化价值。竹编天花板延续至立面,创造了光影的挂毯,丰富了空间的质感和深度。木材的使用柔化了楼梯的现代线条和曲线,为设计带来了温暖和自然的优雅。悬挂的黑色吊灯提供了一种现代的对比,强调了空间的高度和垂直线条。

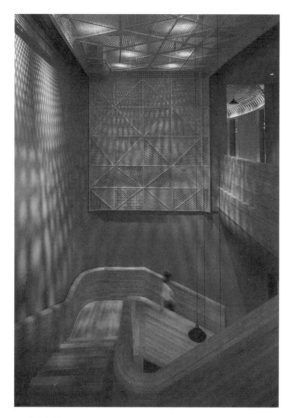

入户楼梯

入户楼梯

楼梯细节

楼梯光影

（四）公共空间

公共空间的天花板和墙壁采用垂直木板条的节奏图案，营造出一种运动感。同时，天花板上的一系列木板条创造出一幅动态图案，暗示着天篷或森林般的架空结构。充足的自然光透过大窗户照射进来，增强了房间的有机感，而抛光的混凝土地板则提供了时尚的对比，与自然主题相得益彰。

接待大厅

接待大厅座位

接待大厅座位

实木餐桌延续了这一自然主义主题,为空间增添了原始的有机元素。

大厅休息区

过道

灯光经过精心布置,发出温暖的光芒,突出了木质纹理,营造出温馨的氛围。

(五)客房空间

整个设计更像是一个竹材的产品设计。建筑设计过程中找到了一种新的竹材运用方式,希望能够通过这样的思考与呼唤,为竹子这一自然、环保、再生能力强的材料,找到一个焕发新生的机会。客房内部以竹条、竹片、竹皮三种不同的材料肌理,搭建成拱形的竹编,形成每个空间独一无二的表皮。

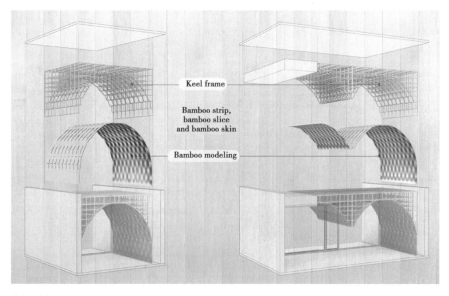

房间分析图

客房的木板条流过天花板和墙壁,形成连续、起伏的表面,给人一种波浪状天篷的错觉。柔和的环境照明放大了木材的自然纹理,营造出温暖、诱人的氛围。该设计将天然材料的温暖和有机感与现代设计的干净、整洁的线条结合在一起。卧室内饰将自然元素与现代设计融为一体。床后的木墙由垂直排列的板条组成,增加了质感和深度,创造了一个视觉焦点,令人印象深刻。简约的床上用品和低调优雅的吊灯与房间的有机氛围相得益彰。

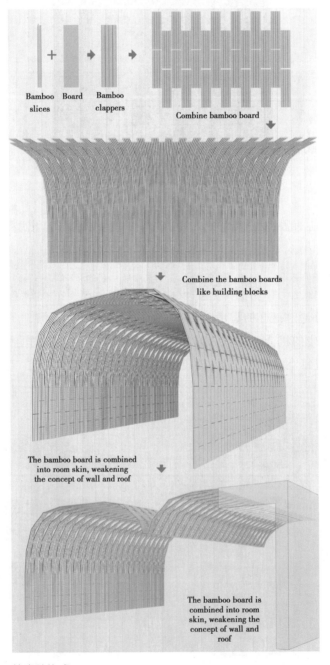

竹皮肤构成

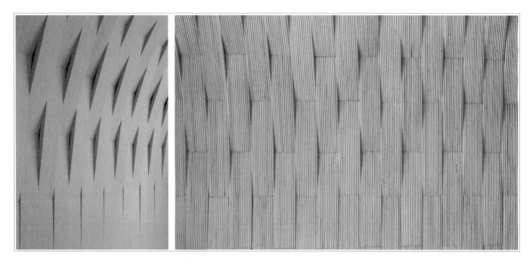

竹皮肤细部

竹皮房

客房内部以不同肌理搭建成拱形的竹编，形成每个空间独一无二的表皮

竹片房

竹皮房

竹条房

竹片房

床头形状独特的木凳,既是一件实用的家具,又是一件个性化的艺术品,营造出房间有机而宁静的氛围。柔软纺织品和柔和色调的使用进一步营造出宁静而温馨的氛围,非常适合放松和沉思。

竹片房

极简主义的吊灯与简单的床头柜相得益彰,它们将复杂的阴影与简洁的线条并列在一起。洁白的床上用品与木质的温暖形成鲜明对比,凸显房间宁静自然的美感。

拾捨·竹里馆将"竹"的意象巧妙地融入每一个角落,从竹编的天花板到竹制的家具,每一处细节都呼吸着自然的韵味。它不仅仅是建筑,更是一种文化的表达,一种对传统工艺的致敬,一种对自然和谐之美的追求。在这里,现代设计与传统材料的结合,创造出一种独特的空间美学,让人在现代的舒适与古朴的竹韵中,找到心灵的归宿。

第五章
现代农舍风格乡村民宿陈设设计

现代农舍风格的室内设计在乡村魅力的基础上，融合了温暖的极简主义和工业风元素。这种设计风格在舒适性上做足了功夫，强调实用性与自然的细致美，同时也包含了复杂的现代设计元素，是一种"复杂简约"的艺术表现。

"现代"与"农舍"这两个词的结合，虽初听令人意外，却造就了极具新闻价值的设计风潮。现代农舍风格的室内设计不仅赋予了家居独特性，同时保留了现代设计的灵魂。这种风格以简单而温馨的设计唤起人们对温暖与诱惑的向往，让人哪怕是在都市中，也能感受到一抹乡村的恬淡与宁静。

现代农舍的室内设计着重于极简主义与乡村风格元素的低调融合，它是关于有趣和探索的过程，庆祝着自由与个性的展现。它讲究时代与元素的有机结合，让家居空间通过传世的手工艺品和艺术装饰品，使室内设计充满趣味。

在现代农舍装饰中，可以通过选择亚光装饰和低光泽材料来复制这一风格的日常吸引力，营造出一种低调、休闲而又清新的魅力。这种设计是对日常美的追求，是在现代生活的匆忙节奏中寻求片刻宁静的方式，让人们在自己的家中就能感受到自然的呼吸和时间的缓慢流转。

现代农舍风格乡村民宿陈设设计的主要特点

现代农舍风格也称现代乡村风格，是一种在室内装饰中巧妙融合传统农舍魅力与现代设计元素的风格。这种风格的核心在于创造一个既舒适又实用的居住环境，同时融入乡村的温馨与自然的感觉。特征上，它强调简洁的线条设计、自然材料的使用以及柔和的色彩搭配，共同打造出一个兼具现代感和乡村风情的优雅空间。这样的设计不仅实用舒适，还带有一种自然的温暖，是现代与传统的完美结合。

1.空间内充满自然色调

现代农舍风格的乡村民宿设计本质上是将大自然的元素引入室内，展现不同地区乡村文化的独特魅力。在这种风格中，天然材料如木头和石材，不仅能体现乡村的质朴，也符合现代设计的简约美学。在这种设计中，可以广泛使用天然材料覆盖各个室内空间，如天花板、横梁、木地板及壁炉正面。这些材料既展现了乡村风格的自然感，又赋予了空间现代感。

这种风格的设计在保持现代设计的简约和透亮的同时，要在乡村与现代元素之间找到平衡。整体视觉配色上，可基于天然建材的颜色，选择柔和的棕褐色作为基调，并引入如靛蓝等自然环境中的亮色调作为点缀，以此营造既温馨又具现代感的乡村民宿空间。

2.选择现代家具

打造现代农舍风格的乡村民宿时，重点是在精致和朴素之间找到完美平衡。这意味着在室内设计中需要巧妙地结合现代元素和传统乡村风格。选择家具时，外观、材质和颜色的灵活性非常关键，这些家具应该既独立又适应空间布局。

为了在视觉上创造对比，可以尝试将现代材质如不锈钢和铬金属，与传统乡村风格的木材相结合。这种混搭不仅为空间增添了焦点，还增强了整体设计的吸引力。在布置时，应保持家具的实用性和舒适性，确保其不仅美观，而且符合基本的功能性需求。通过这样的设计方法，现代农舍风格能够将乡村的自然温暖与现代的精致优雅完美融合。

3.添加乡村风格摆件

现代农舍风格的室内设计独具魅力，彰显出复古与朴实感，为空间带来温暖和舒适的氛围,能唤起人们对过往美好时光的怀念。在设计现代农舍风格的乡村民宿时,即使追求现代化,也应融入显眼的复古乡村元素。运用乡村风格的装饰品是一种简单有效的方法,它们能灵活地为室内带来视觉冲击力,而不致令空间显得压抑。这些装饰品包括墙面装饰、挂画、立体壁饰和灯具,可以适当分散布置在房间各处。

为增强乡村氛围,可以选用引人注目的装饰作为视觉焦点,如一件驯鹿立体壁雕。它们能立即吸引人们的视线,在增添乡村风情的同时,也为现代农舍风格的民宿注入更多个性和特色。

4.纺织品带来柔软舒适感

在现代农舍风格的乡村民宿设计中,质朴的空间营造出一种简约舒适的氛围,同时融入鲜明的现代感,使这种感觉更加突出。为了增强空间的温馨和柔软感,纺织品和针织品成为理想的软装选择。虽然在卧室中使用地毯、毛毯、枕头和羽绒被套是常见的做法,但尝试在不常见的地方使用纺织品会带来新的变化。例如,在厨房或浴室放置一块毛毯,这种创新的尝试通常能带来意想不到的效果,使这些空间具有现代乡村风格的别致魅力。这样的设计既保持了空间的舒适感,又增加了一丝现代风格的精致感觉。

第二节
现代农舍风格乡村民宿陈设设计常用软装元素

1.纺织品

在现代农舍风格的乡村民宿中,纺织品的运用是塑造空间氛围的关键。这些纺织品通常以天然纤维如亚麻或棉为主材,以增添自然的触感和视觉美感。窗帘轻盈透气,为室内带来柔和的光线和轻松感;针织或亚麻抱枕增添舒适与温馨感;羊毛或棉质地毯带来柔软的触感,提升整体舒适度;亚麻或棉制的床上用品则确保了优质的睡眠体验。此外,装饰性的桌布和餐巾在餐区营造出乡村风情,而手工毯子和挂毯作为墙面装饰,为空间增添艺术感。这些精心挑选的纺织品,不仅增强了乡村民宿的舒适性和美观度,也巧妙地融合了现代与乡村元素,打造出一个既现代又充满乡村风格的温馨居住环境。

2.自然元素的装饰

在现代农舍风格的乡村民宿设计中,运用自然元素装饰是塑造舒适、宁静氛围的关键。常见的做法包括在室内放置盆栽植物和鲜花,增添空间的生机和自然感;使用木材、石头和竹子等天然材料制作家具和装饰品,以增强空间的自然质朴感;以干花束和自然枝条作为装饰元素,增添乡村优雅;在室内布置小型喷泉或水景,创造宁静的氛围;使用石头和鹅卵石装饰浴室或花园区域,强调自然感。这些自然元素的综合运用不仅提升了民宿的美观度,还为游客创造了一个既贴近自然又充满现代感的舒适休闲空间。

3.复古陈设或手工艺品

复古陈设或手工艺品不仅为空间增添了历史和传统的气息,也赋予了现代设计独特的韵味。常见的做法包括使用复古风格的家具,如老式梳妆台和木制椅子,为室内带来一抹历史感;将手工制作的陶瓷器皿作为装饰,突显匠人精神;摆放手工针织或编织的毯子和抱枕,增加乡村气息;挂上描绘乡村风景或传统艺术的画作,增添艺术美感;使用复古风格的灯具,强化空间的复古风味。这些元素的结合营造出既温馨又具有历史感的环境,完美融合了传统与现代设计。

4.柔和的色调布艺

现代农舍风格室内陈设设计中的布艺品在颜色上通常选用中性或自然色系,如米色、灰色、淡蓝色和淡绿色,以创造出宁静、放松的环境。

5.挂画和墙饰

乡村主题画作,如描绘田园景观或自然元素的作品,能为空间带来宁静和自然之美。自然材料制成的墙饰,如木制或石制品,能提升空间的自然质感。现代抽象艺术品可以为传统乡村元素注入现代气息。而装饰性的镜框和相框能展示风景,增加个性化和温暖。这些元素的综合运用,不仅美化了空间,也使现代农舍风格的乡村民宿既具乡村美感又不失现代设计风格。

现代农舍风格乡村民宿陈设设计经典案例分析

一、稻田·树下·椒园

项目地点:重庆巴南。

面积:750平方米。

室内设计:重庆尚壹扬装饰设计有限公司。

(一)项目概况

稻田·树下·椒园民宿地处重庆近郊乡村,位于一处马蹄形陡崖的平顶之上,林木葱郁,视野开阔,是典型的西南山地田园风光。这个项目的空间布局以院落为核心,分为三个互相依赖但又独立的系统:拥抱自然的土墙、承载功能的房间和纵横联系的走道。这些元素与稻田、大树、水池和道路共同强化了建筑与自然的交流和对话。

项目概览

椒园位于马蹄型陡崖的平顶之上,林木葱郁,视野开阔

建筑俯瞰图

(二)设计理念

马丁·海德格尔在《筑·居·思》中提到,筑造本身是一种栖居,是人在土地上的存在方式,他以"诗意的栖居"描述了"人""土地"与"建筑"之间相互依存的关系。空旷寥寂的田野上,风、树、光、水、影汇聚交流。在几乎没有任何制约的用地条件下,设计者却感到处处拘束:山地肌理、古树稻禾、田园风貌……设计师希望建筑"落地生根",不做介入者而是成为参与者,以一种符合野间气质的形式锚固其中。

设计草图

稻田·树下·椒园项目,正是对归田入乡理念的一次深刻探讨。在设计中尊重了乡村山地的自然纹理和原始风貌,建筑轮廓与自然地形巧妙地融为一体,遵循了"随形赋势"的原则。采用外圆内方的设计语言,建筑群以谦逊的态度嵌入自然之中,圆弧形的土墙与方正的建筑形态交错,营造了一个富有层次的院落空间。主要使用夯土、白墙和青瓦,完成了一种朴素而和谐的色彩搭配,使得整个建筑群在自然的背景中显得格外低调。此次设计是对设计回归田园、回归自然山水的一种探索,强调了自然环境与建筑设计的和谐共存。

设计草图

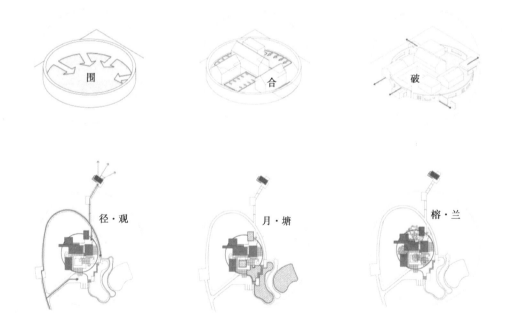

生成逻辑

圆形的设计元素展现出与自然的天然亲近感。这种设计采用的是包围的方式,而不是对土地进行生硬的切割或占据。通过圆弧形的夯土围墙,建筑与场地之间建立起一种对话,体现出一种自然而然的选择理念。

　　圆形围墙上开设的多个不同尺度的洞口,通过减法手法使土墙显得"轻"和"透",从而实现内外视线的对望和空气的互通,营造出一种流动的感官体验。这种设计不仅体现了对自然环境的尊重,也增加了建筑与周围环境之间的互动性和通透感。

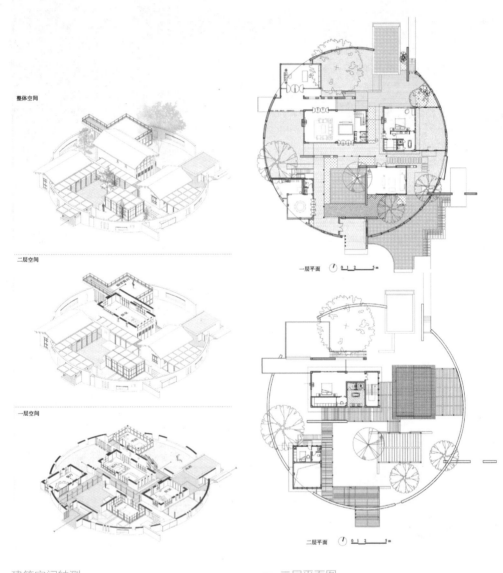

建筑空间轴测　　　　　　　　　　　　　　　一、二层平面图

立面图

围墙开有洞口,使建筑内外对望,互通声气

(三)户外空间

在重庆巴南稻田·树下·椒园项目中,建筑墙体使用夯土建造,与白墙灰瓦的建筑体量形成鲜明对比,同时创造了视觉焦点。外围的弧形土墙和内部的直线形墙体与院落空间相互交织,既界定了内外空间,也引导了视线。建筑体量按功能分散成五个简洁干净的矩形空间,覆盖着传统青瓦屋面。建筑与外围的圆形土墙围合形成六处大小不同的院落,每个空间均以院落为核心展开活动,并根据功能进行划分,以最大限度消除内外空间的隔阂。

五个方形建筑体如诗般地散落在大自然的怀抱中,与圆弧形的夯土围墙相互呼应。这些建筑体既是自然的一部分,又是人类智慧的结晶,它们在尊重自然的同时,展现出现代建筑的魅力。

打断连续的围合界面,使封闭的土墙得以"喘气"

(四)内院空间

建筑体的分布既是对自然界限的突破,又是对场地本身精神的尊重。它们巧妙地避让了场地中的古树,将这些经历了漫长岁月的香樟和楠木纳入自己的景观之中。这不仅是对自然的一种致敬,也是对历史的一种尊重。

保留场地中原生的古树

内院空间,每一处停顿与转身皆是景致

内院空间，每一处停顿与转身皆是景致

内院空间，每一处停顿与转身皆是景致

（五）庭院空间

现代农舍风格民宿设计的精髓是简洁、自然、实用，同时不失优雅。木质地板和横梁天花板带来温暖的色调，与室外的自然光和景色相融合。家具是简单的编织椅，既不抢眼也不失风格，为游客提供了一处放松和享受宁静的角落。

木质的桌椅静静地伫立在绿意盎然的树下，邀请每一位过客停下脚步，在清风徐来中享受片刻的宁静。

楼梯与栏杆构成向上攀升的旋律，而树影在墙上投下的斑驳是阳光舞动的节奏。这一切构成了一首无言的歌，讲述着时光和记忆在空间中缓缓流转的故事。

整体而言，这些设计不仅仅是对空间的改造，更是对乡村静谧生活的一种向往。每个角落都透露出一种简约而不简单的美学理念，邀请人们在现代生活的急促节奏中，找到一处心灵的栖息地。

在这幅画面中，后院的百年香樟树是叙事的主角，其枝叶繁茂，为这片小天地撑起了一片阴凉。在它庞大的树冠下，常有挚友围坐，享受夏夜的清凉与蛙鸣虫唱，畅谈自在。旁边的池塘仿佛是自然的延续，打破了围墙的束缚，向外渗透，连接着远处的翠绿。水面上的睡莲与远方的绿意呼应，仿佛在诉说着一种超越了界限的和谐。

庭院空间局部，彼此相互渗透

庭院空间局部，彼此相互渗透（组图）

木质长廊，光影透过格栅洒落

木质长廊，光影透过格栅洒落

水景庭院，池中的树兀自生长

水景庭院，池中的树兀自生长

水景庭院，池中的树兀自生长

后院百年香樟树，树荫撑开，围聚茶歇

建筑夜景

（六）入口空间

穿行于这片现代农舍风格的民宿，仿佛步入一首轻柔的田园诗篇。夯土墙壁与木条天花板交织出自然的韵律，其间一抹黑色凳子静静守候，如同诗句中的静物，诉说着简约生活的哲思。光影透过间隙，如同时间的指针，慢慢移动，讲述着一天的故事。

木制屏风成了隐喻，界定了空间的同时，又让阳光的线条自由绘画，打造出一个充满生机的角落。每一束光线都像是自然的笔触，勾勒出宁静的午后时光。

整个空间的设计如同精心布局的篇章，每个角落都散发着诗意，每个细节都承载着故事。这里不仅是现代生活的避风港，更是心灵与自然对话的场所，让每一位到访者都能在这里找到属于自己的静谧时刻。

建筑入口，视线隔而不断

入口影壁，庭院与树影影绰绰映入眼帘

推门玄关空间

长廊与庭院,视界打开

(七)休闲空间

　　拐过走廊尽头的起居空间,右侧,是一间四面透光的活动空间,不设门槛,光与影自由穿梭,如同时间的织工,在室内外编织着日与夜的交响曲。左侧,两栋建筑如同时间的守护者,静默地夹着通往第二进院落的石径。石径两旁,芭蕉叶子的轮廓如同守望的影子,静静铺开,不仅引领着方向,也收束了空间的心跳。

　　这里的设计,用自然的笔触勾勒出现代农舍风格的室内陈设,每一处布局都是对自然的礼赞。起居空间不仅仅是休憩的场所,更是一幅动态的画卷,光影在此交织出层次丰富的生活画面。而那通透的活动间,则是灵感与思绪自由飞扬的地带,空间的边界被巧妙地模糊,创造了一种室内外相连的连贯性,带来了由内而外的开阔感。

　　在这样的环境中,设计师不只是布置了一间房,而是创造了一种体验——一种在现代生活的喧嚣中,仍能感受到自然韵律与宁静的体验。每一次的停顿与转身,都能在这里找到一个新的视角,发现一个新的景致,如同诗行中跃然纸上的生动意象。

四面玻璃围合的活动间

四面玻璃围合的活动间

走廊尽端

通往后院的宅路

（八）书屋空间

　　书房的设计巧妙地与自然融为一体，其一角巧妙地突破了土墙的界限，延伸至稻田之上，如同悬浮在新绿稻浪之中。这个角落的美在于它的"无"——无遮挡、无框架，仅以细致的结构柱隐于视线之外。当落地窗敞开，仅有的上下边界便勾勒出一幅如诗如画的田园风光,仿佛是一幅活生生的山水画卷,描绘着稻田的波光粼粼和穿透树梢的晨光,勾勒出一幅迷人的田园诗。

池塘突破围墙,向外延伸

书房的一角递入稻田,悬于青青禾色之上

(九)客房空间

　　一扇宽敞的窗户悄无声息地框住了稻田的碧绿,将田野的宁静生动地带入室内。室内装饰简约而不失雅致,天然的木质材料从地面延伸至天花板,为这个空间增添了温暖的气息。窗边,轻柔的窗帘像是晨曦中轻舞的裙摆,为宁静的居所添上了一抹柔和。方格状的天花板以其丰富的纹理为室内空间增添了层次感。石材的壁炉和木质元素的融合,让人感受到质朴与现代的完美结合。家具的深色调与空间的浅色墙面相映成趣,形成了一种内敛而舒适的氛围。通透的大玻璃门敞开时,室内的安宁与室外的生机相互映照,家具的现代线条与自然色彩的使用,共同讲述了现代与自然和谐共处的故事。

角部没有任何遮拦,框出一幅田园山色画

建筑室内设计局部

（十）露台空间

屋顶露台仿佛是一座悬浮的花园，无形的手将它轻轻推入自然的怀抱。人们从院子侧面的阶梯一步步走上，伴随着树影婆娑，逐渐接近二楼的私密空间。这里被两棵苍劲的大树环抱，露台成了一个完美的休憩之地，轻风拂过，眼前展现的是一片翠绿的海洋。

屋顶露台

院墙之外是一片生机勃勃的田园景象：银杉摇曳、稻禾泛绿、果蔬斑斓、花椒四溢，每一种植物都在尽情绽放它的美丽。这样的环境设计不仅仅带来视觉的享受，更是塑造了一处触动心灵的归宿，带着烟火气和泥土的芳香，让人寻求到一种心灵的归属感。

露台成为绝佳的眺望点

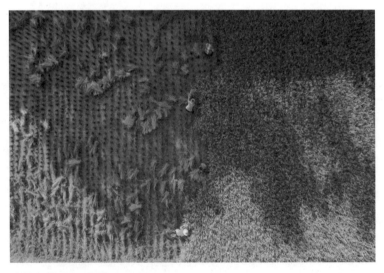

院墙之外，稻田秋收

二、泰安东西门村活化更新项目

项目地点：中国山东泰安。

面积：2216平方米。

室内设计：gad·line+ studio。

(一)项目概况

泰安东西门村的高端度假民宿改造项目位于山东省泰安市一个典型的坡地村落，项目的核心是利用现有的宅基地和十二组建筑，改造出一间度假酒店，并创建具有吸引力的公共空间。该项目的重点在于保护和再利用传统的毛石墙，这些石墙不仅是乡村风景的重要组成部分，也是乡村历史的见证。

泰安东西门村的活化更新项目在现代农舍风格的室内陈设设计中，展现了传统与现代的精妙融合。在这个过程中，毛石墙体被改造为围护结构，增加了保温层和防水层，提升了建筑的现代功能性。通过灵活的钢结构框架设计，适应复杂的地形和建筑需求。将小尺度的框架转化为廊道，大尺度的框架转化为房间的设计策略不仅有效地保留了乡村的原始风貌，也引入了现代建筑的实用性和舒适性，使东西门村成为一个兼具历史感和现代感的迷人之地。

改造后的东西门村

石墙的应用

保留的毛石墙

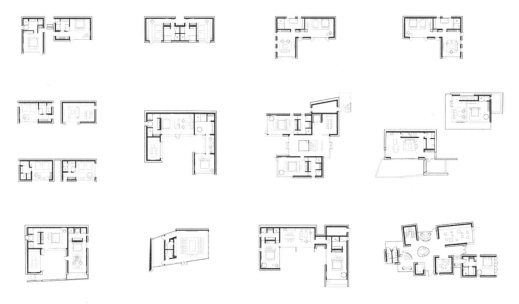

院落组织和功能排布

(二)设计理念

泰安东西门村设计策略包括保持原有的村落肌理,同时在功能上进行创新,以满足新的客房需求。项目强调了新建筑与传统建筑的融合,以及现代和传统元素的和谐共存。

项目巧妙地利用当地的石墙和工字钢,将其作为主要建材。简洁的玻璃界面与粗犷的毛石墙形成鲜明对比,同时屋檐和层间使用精致的铝型材收边。温暖色调的竹木墙板增添了建筑的温馨感,营造出一种质朴而精致的当代乡村新审美。设计还考虑各空间与环境中的原始树木的融合,使游客能够直接与自然环境进行互动。

这个项目使用最简单的工业材料,灵活地建构原型框架,结合场地丰富的原始痕迹——石墙,令单体组合成群体,形成一个坡地聚落。在保留原始肌理的同时,利用现代工业体系和材料进行更新,是设计的基本策略。简雅的配色、明暗的强烈对比,以及几何硬朗的空间布局,共同打造了一个既舒适又实用的空间。这个项目体现了现代农舍室内设计风格的精髓,将传统乡村元素与现代设计手法融合,创造出一个既现代又充满乡村风情的独特空间。

建筑外观

（三）空间划分

在泰安东西门村的更新项目中，一、二、四号院展现了对现有建筑的深思熟虑地利用与改造。近期建造的石屋被精心修缮，部分老旧的毛石墙得到保留，既尊重了场地的历史，又为其注入了新的活力。十二个院子空间划分的具体策略如下。

1.一号院子

在一号院中，白与灰交织成静谧的底色，深色的木质家具在其中显得尤为突出，如同在宁静的湖面划过的一条条波纹，带来安宁与舒适的氛围。宽敞的窗户像是自然与人居之间的桥梁，邀请阳光带来细微舞步，照亮室内每一个角落。而那编织的椅垫与窗帘，如诗人的笔触，为空间添上几分细腻的层次，木质的天花板装饰则将乡村的质朴风情嵌入现代风格之中，为现代的简洁赋予了时间的温度。

一号院子内部空间

　　一号院围绕一棵现有的树木设计，形成一个宁静的内庭院，树木成为院落的自然中心。二号院和四号院则采用 L 形布局，形成开放而围合的空间，既保持了私密性，又增强了社区感。这样的设计不仅维护了场地的原始肌理，还巧妙地融合了自然元素和建筑结构，创造出和谐共生的居住环境。

一号院子

一号院子

2.三号院子

在三号院中,小体量的石屋曾是老式民居的辅助建筑,如今,它被巧妙地转换成具有现代功能的空间。保留的毛石结构被重新赋予新的用途——分别转化为卫生间、卧室等生活空间,而新植入的玻璃盒体则成为孩子们嬉戏的游戏区。这一设计通过玻璃与石头的对比,创造出内与外、大与小、实与虚、封闭与开放的强烈视觉和功能对比,展现出既尊重历史又拥抱现代的设计哲学。墙面采用的是肌理较强的天然石材,丰富的视觉和触觉体验,增加了空间或物品的立体感和趣味性。配上饱和度较低的可移动家具和原木色置物柜,三种不同材质形成对比,采用线性分割的设计手法,体现出现代风格的简约时尚。这种结合传统与现代、私密与共享空间的设计思路,为现代农舍风格提供了一种全新的解读方式。

三号院子

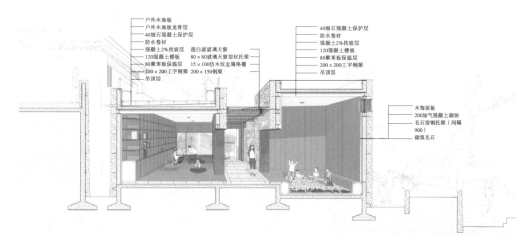

户外木地板
户外木地板龙骨层
40细混凝土保护层
防水卷材
混凝土2%找坡层　　超白玻璃天窗
120混凝土楼板　　80×80玻璃天窗型材托梁
80聚苯板保温层　　15×100仿木纹金属格栅
200×200工字钢梁　200×150钢梁
吊顶层

40细混凝土保护层
防水卷材
混凝土2%找坡层
120混凝土楼板
80聚苯板保温层
200×200工字钢梁
吊顶层

木饰面板
200加气混凝土砌块
毛石型钢托梁（间隔900）
砌筑毛石

三号院子剖透视

三号院子内部空间

三号院子内部空间

三号院子内部空间

三号院子内部空间

3.五号院子

五号院的改造精妙地解决了原有结构的问题。原建筑由南北两部分组成,南侧是形状呆板、与地形结合不自然的新建长条形石屋。设计中,这个过长的体量被巧妙地分割为两部分。西侧保留了直线形布局,转变为两间客房;东侧则充分考虑地形,插入一个垂直的结构体,不仅在底层创造了服务客房的公共空间,还利用高差巧妙地内置了大台阶,赋予室内空间以层次和功能的多样性。这样的处理既尊重了原始建筑的特点,又通过现代设计手法增强了空间的可用性和美感。

其内部走廊设计巧妙融合了简约主义与自然元素。走廊以灰色为主色调,营造出静谧气氛,同时天花板的木质装饰带来温暖感。一把编织椅子作为走廊中的休憩点,与窗边的自然光相得益彰。艺术挂画为空间增加了文化气息,整体设计简洁而有力,既展示了现代设计的清晰逻辑,又不失乡村风格的温馨与质朴。

五号院子

五号院子

五号院子内部空间

4.六号院子

六号院的设计是对新建筑的创新改造,将原建筑转型为民宿的会议和聚会空间。该建筑位于通往山上的主要路途旁,设计师通过使用金属铝板材料和采纳"折叠"设计概念,打造了连续统一的墙面和屋顶。室内色彩搭配通过高明度黑白对比,营造、强调、突出艺术氛围,展示着前卫的现代感。

六号院子

六号院子

六号院子内部空间

5. 七、八、九号院子

七、八、九号院的更新设计尊重了原有的老民居结构，采取三面围合的布局策略，紧密跟随旧建筑的肌理和空间形态。设计师通过在原建筑基础上增加和减少体量，巧妙地创造了一个室内外交融、层次丰富且高差自然的院落空间，既保留了历史痕迹，又注入了新的生活气息。

七号院子

七号院子

　　地毯的铺陈，如诗篇中温柔的抚慰，为这片空间织入了舒适与细腻感。家具的线条简约而不简单，搭配木材的天然肌理，如同自然界中最和谐的旋律，将现代的简洁与自然的温润巧妙地编织在一起。

七号院子内部空间

七号院子内部空间

八号院子

八号院子

八号院子

现代农舍风格以其诗意的布局和温暖的色调，营造出一种宁静而温馨的氛围。通过简洁的线条和天然的材质，呈现出一种质朴的雅致，就如同一首轻声吟唱的田园诗篇。大窗户如画框般框住了室外的风光，将大自然的画卷悄然延展到室内。家具的每一处细节，每一个编织的纹理，都讲述着返璞归真的生活哲学，同时也不失对现代简约美学的追求。在这里，时间仿佛放慢了脚步，让人们在现代生活的便捷与乡村的宁静之间找到了完美的平衡。

八号院子内部空间

八号院子内部空间

八号院子内部空间

八号院子内部空间

6.十号院子

十号院原为新建的L形布局建筑。设计则顺应原空间格局,采用与五号院相同的L形围合庭院,沿地势创造拾级而上的入口关系,形成高于坡面的室外平台,不受任何视线遮挡,直接与远山对话。

十号院子

十号院子内部空间

7.十一号院子

十一号院原建筑为近年新建的建筑,南北两条布局,前后有3米的高差。设计顺应了原建筑的空间布局,调解了前后建筑的视线高差。局部的屋顶增大,增加了共享的公共灰空间及屋顶平台,增加了空间的丰富度。

现代农舍风格室内设计的核心特征:简约而不失温馨,现代而不脱离自然。室内设计以中性色调为基础,辅以简洁的家具和图案地毯,营造出一个宁静且层次丰富的生活空间。大窗户让自然光线充盈每个角落,模糊了室内外的界限。户外露台则将室内舒适延伸至自然之中,使用的天然材料与周围环境和谐共生。

十一号院子

十一号院子

十一号院子内部空间

8.十二号院子

十二号院位于整个场地的最西侧,考虑其相对比较独立的地理位置,将其定位为民宿最高端的独栋客房。现代农舍风格以它的简洁和自然的韵律悠然展开。透过大窗引入的光线,如同诗人的笔触,轻轻勾勒出室内外景致的和谐画面。每一件家具都如同精心雕琢的诗句,以简练的线条传递着自然的温度和时间的沉淀。中性色彩的协调和木质材料的温情,在现代生活的节奏中,静谧地讲述着归隐田园的故事。这里的每一个角落都是对生活的颂歌,每一次触摸都是与自然对话的序曲,空间真正成了一处既符合现代审美又不失田园诗意的栖息之所。

十二号院子

十二号院子

十二号院子

十二号院子

十二号院子内部空间

十二号院子内部空间

十二号院子内部空间

十二号院子内部空间

十二号院子内部空间

项目外观

建筑外观

在数字化时代背景下,建筑师角色的演变和东西门村活化更新项目的设计探索体现了现代建筑实践的新方向。建筑师从传统的形式创造者转变为跨领域的连接者和赋能者,职能范围拓宽了。项目通过融合特定社会语境、政策,结合全面的项目管理流程,展示了以设计为核心的创新模式。这种方法不仅提升了建筑本身的功能性和美学价值,而且强调了建筑作为沟通媒介的潜力,促进了更广泛的社会互动和交流。这一转变在现代农舍室内设计中得到了体现,它不仅追求美观和实用性,还旨在创造出能够激发人们情感和想象的空间。

三、虎峰山·寺下山隐民宿

项目地点:重庆市沙坪坝区曾家镇虎峰山村。
面积:800平方米。
设计方:悦集建筑设计事务所。

(一)项目概况

虎峰山·寺下山隐民宿项目,坐落于重庆沙坪坝区的虎峰山村,毗邻一条历史悠久的步道。民宿的建筑面积约为800平方米,设计上突出了公益性和开放性。在民宿的二层和三层,仅设有七间客房和一间主人房,其余的空间被用作各种公共区域。这些公共区域包括入口处的游客接待驿站、底层的非遗展厅(同时兼作接待厅)和位于无边水池旁的乡间书屋。这样的功能组织不仅创新了民宿的功能组合模式,还赋予了该民宿独特的社会价值和人文关怀。这种设计使得民宿成为游人在步道旅行中的一个难忘的记忆点。

建筑航拍全貌

乡间书屋与无边水池

非遗展厅

入口处游客接待驿站

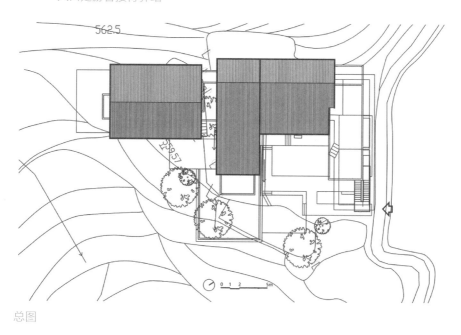

总图

(二)设计理念

虎峰山·寺下山隐民宿巧妙地融合了传统与现代设计元素,旨在向历史致敬的同时赋予传统新生。在设计过程中,设计团队与民宿主人紧密合作,不仅保留了重要的历史特征,如步道旁的夯土老墙,还通过加建现代风格的侧翼结构来保护这些土墙。整个项目不仅展示了对传统元素的现代解读和对大自然的尊重,还通过材料和设计的融合,为这个历史悠久的地方注入了现代气息和活力。

一层平面

二层平面

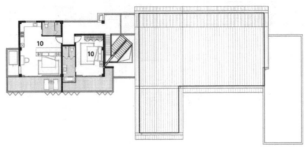

三层平面

一、二、三层平面图

在虎峰山·寺下山隐民宿的设计与建造过程中,新旧关系的思考与重塑成了一个核心主题。项目原址是一个由年久失修的夯土老房围合而成的三合院,它不仅体现了西南地区山地乡村的传统风貌,也是该地区文化的重要部分。在新建筑的设计中,为了保留这种文化遗产,设计师通过精心控制新建筑的体量和布局,恢复了原有的院落空间,同时设计充分考虑了自然环境的特点,尊重并保留了周围的大树,同时通过巧妙的建筑和景观设计,实现了与自然环境的和谐共存。

虎峰寺残佛

改造前后的三合院对比（组图）

航拍全貌

航拍全貌

航拍全貌

寺下清晨

(三)庭院空间

虎峰山·寺下山隐民宿的设计中,蕴含了一种诗意的哲思——新与旧的和谐共存。庭院空间主要采用钢结构和玻璃结构,与传统夯土墙形成鲜明对比。一片古老的夯土墙得以在现代建筑的辉映下焕发新生。这不仅是一种空间的重塑,更是时间与记忆的交织。在老墙之上,现代风格的侧翼结构优雅地架空,用钢材和玻璃描绘出一幅未来与过往对话的画面。在这里,每一次抬头仰望,都能将山林的辽阔尽收眼底;每一次低头凝视,又仿佛能听到岁月在耳畔细语。

在民宿的公共院落中,新工艺下的夯土结构与老墙遥相呼应,共同诉说着乡土建筑的故事。漫步于院落之间,从每一砖、每一瓦中,都能感受到从古至今、从旧至新的渐进转变。这不仅是一场建筑与自然的和解,更是一次心灵与历史的对话。

夯土墙上加建钢结构遮蔽雨水以防侵蚀

远处的老夯土墙和一楼新建夯土墙

材料的过渡与对比

（四）休闲空间

在休闲空间，家具简约而精致、自然材料被广泛使用，大面积玻璃窗将自然光线和外部景观引入室内；浅色木质桌椅与空间中的深色调形成对比，既营造了温馨的氛围，也保持了空间的通透感；编织吊灯等装饰品增添了自然的质感，植物的点缀则为室内带来了生机。整体设计注重材质和色彩的和谐统一，展现了一种回归自然而不失现代感的生活态度。

玻璃体量内部景观

乡间书屋与水面平台

屋顶平台

晨雾中的三合院

（五）外院空间

古有周权撰《野趣》，今亦不乏热衷自然的原始质朴之人。寺下山隐中，从景观到工艺的处理，处处散发着这样的情趣。入口廊道地面使用施工余下的竹竿，将其嵌入泥土之中，在其中穿插铺满碎石子，随性又不加雕琢。走进三合院内，没有人为设计过的景观痕迹，自然生长的野草毫无荒凉之意，反倒增添了盎然生机。

西侧院落

西院的三层客房

透过土墙缝隙望向内院

水面竹灯

村中传统火盆

水面早餐

树影斑驳的一米阳台

一米阳台

（六）客房空间

民宿的客房设计融入了自然的"野性"，虽然只有七间，但每间客房根据不同的主题进行了个性化的装饰设计。部分家具是业主在乡村中发现的独特之物，它们被自然地摆放，增添了几分自然野趣。每个房间都朝东，落地玻璃让透过山林的晨光肆意挥洒入屋，同时保证了良好的景观视野。细节之处，如室内秋千、屋顶花园，以及可以俯瞰虎峰山顶的泡池，让每间客房显得独特且充满风格，而这些设计元素共同勾勒出一种简朴而雅致的生活氛围。

大胆的花砖壁画与周围的自然木质结构和户外景观形成对比，吸引眼球的同时维持整体和谐；回收木材增加了空间的温暖感和质朴感，落地窗引入户外景色，拓展了视觉空间；简洁的家具和清新的摆设呈现出一种宁静的氛围，邀请人们停下脚步，与周围的自然环境和谐共存。每个细节，从干花装饰到窗外的树影，都被融入设计中，强调空间与自然的连接。整个室内设计方案都表达了对自然美的尊重和对现代设计原则的理解，确保了每个角落都充满居住的舒适性和自然的美感。

客房内部

客房内部

客房内部

客房楼梯

室内细节(组图)

室内细节(组图)

室内细节(组图)

（七）自然空间

　　"残墙倚古寺,曲径通幽谷。柴门闻犬吠,琴棋奏和声。开门见山月,心隐淀归尘。辞岁新万物,常聚善缘人。"这是当今时代的快节奏的城市生活与工作模式下人们所向往的乌托邦。在这样的背景下,寺下山隐的思考与创作可以算作一个较为成功的尝试。这不仅是追求一处避世桃源的空间创造,还是一种对自然与人文的深刻沉思和敬畏。设计师通过建筑的姿态,倾听场地的语言,探索与自然和谐共生的可能性。每一处设计细节都在无言中诉说着对生命、对自然、对文化传承的尊重,为现代农舍风格的室内陈设注入更深层次的哲学意涵,它向我们揭示了与环境共融、与历史对话的生活之道。

寺下黄昏

航拍全貌

第六章
工业混搭风格乡村民宿陈设设计

　　工业风格一词最初诞生于硬朗的工厂角落,带着混凝土的冷硬、砖墙的沧桑、金属结构的坚固与裸露管线的赤裸。这些元素,仿佛时光机器中的片段,一度让人们以为它们只能在生产线的喧嚣中呼吸。在家的温暖中,这些工厂元素初显生涩,仿佛是另一个世界的客人,令人敬而远之。然而,风格在流转中,犹如潮水中的石,终将被时光打磨。工业风,在中国的土壤里,悄然变奏。它不再是冷冽的钢铁与冷硬的混凝土,而是逐渐融入了更多温暖的元素,与国人的审美相互交织。它渐渐从商业空间,走进了家居的舞台,化身为"轻工业风格"或"工业混搭风格",更加柔和、亲近。

　　在这个变奏中,工业风格不仅保留了其原有的粗犷与真实,还加入了更多的细腻与温情。混凝土与砖墙的冷硬,被木质的温暖与皮质的柔软包裹;金属的坚固,与家的色彩和温度共舞。这样的工业风格,不再是遥远的工厂回响,而是成为家的一部分,讲述着现代与历史的故事,成为一种独特的美学表达。

　　如此,工业风格在中国的演绎,成为一种文化的融合与风格的进化,展现了时代的变迁与美学的多元。在这里,它不再令人生畏,反而成为温馨家居的一种选择,一种在现代生活中寻找历史痕迹的方式。

工业混搭风格乡村民宿陈设设计的主要特点

在乡村振兴的背景下,工业混搭风格的民宿设计融合了乡村和工业元素,创造出一种既粗犷原始又时尚动感的室内氛围。在当代的设计领域,"工业混搭"与"轻工业"风格,正是这一时代多元化和融合思维的产物。这些风格的核心在于,一方面保留工业元素的粗犷和原始,另一方面引入更多温暖、柔和的元素,以降低冷硬感,增添家居的温馨与舒适。

"工业混搭"风格是一种巧妙的平衡艺术,在保留工业风的原始特征,如混凝土、砖墙、金属结构等的同时,注入彩色配饰、细腻的木材、布艺和绿植等元素。这种调和旨在减少工业风格的生硬和冰冷,转而带来更多亲近感和舒适感。因此,这种风格尤其受到现代年轻人的喜爱,它既展现了个性,又不失温暖与现代感。

1.色彩

工业混搭风格注重多元化元素的组合,即将来自不同文化、时代或风格的元素结合在一起。这可能包括现代艺术品与古董家具的结合,或是东方传统装饰与西方现代设计的融合。在软装配色中,一般沿用工业风冷静的色彩,黑色、灰色、棕色、木色、朱红色十分常见,有时也会利用夸张的图案来表现风格特征。

2.材质与图案

工业混搭风民宿室内设计,在色彩、材料选择上非常灵活,可以结合多种材质(如木材、金属、玻璃等)进行选择,以创造出丰富的视觉效果。硬装中可以使用裸露的砖墙、混凝土地板、粗糙的木材和金属结构,突出工业感。软装则可使用大量的金属装饰物,如铁质家具、深色金属灯具和金属悬挂装置,还可以添加一些木材元素,如木质梁、地板和家具,以增加自然感,体现风格魅力。在图案的运用上,和现代风格相似,几何图形、不规则图案的出现频率较高,怪诞、夸张的图形也常常出现在工业风格的家居中。

工业混搭风格乡村民宿陈设设计常用软装元素

1.家具

在工业混搭风格的室内设计中,金属家具是不可或缺的元素,特别是那些简约风格的金属框架家具,它们能为空间带来一种冷静而现代的氛围。例如,使用金属水管制成家具不仅展现了工业风的核心特征,也是在无法暴露管线的情况下的完美替代方案。

然而,由于金属的冷调可能过于强烈,加入一些古旧风格或仿古旧风格的家具可以有效平衡这一效果,增添室内设计的乡村感和历史感。古旧的木制家具和皮革沙发则是在保持室内温馨感的同时,增加粗犷感的理想选择。这种风格的关键在于融合工业元素的硬朗和乡村元素的温馨,创造出既现代又充满历史韵味的室内空间。

2.布艺

工业混搭风格家居中,布艺的色彩需同样遵循冷调感。常见的材质包括仿动物皮毛的地毯,其中斑马纹和豹纹图案尤为流行,能为室内空间增添一抹野性美。除了动物纹理,融入工业风格特征的场景图案,如工业时代的场景、机械元素,或报纸元素的布艺也是工业混搭风格中的一个独特选择。

3.灯具

由于工业混搭风多数空间色调偏暗,为了起到缓和作用,可以局部采用点光源的照明形式,如复古的工矿灯、筒灯等。另外,金属骨架及双关节灯具是最容易创造工业风格的物件,而裸露灯泡也是常见的灯具形式,它们简约而具有原始美感,能与乡村元素的温馨相融合,共同打造出一个既有历史感又不失现代气息的居住环境。

4.装饰品

工业混搭风不刻意隐藏各种水电管线,而是通过走线位置的安排以及颜色的配合,将它们化为室内的视觉元素之一。这种颠覆传统的装修方式往往是最吸引人之处。而各种水管造型的装饰如墙面搁板书架、水管造型摆件等,同样最能体现风格特征。

另外,一些陈旧或复古做旧物品手工艺品和一些乡村风格的图案,如旧皮箱、旧自行车、旧风扇等,更能够突出独具地域特色,使工业混搭风格的空间陈列拥有新生命。

工业混搭风格乡村民宿陈设设计经典案例分析

一、别苑

项目地点：河南省信阳市新县。

面积：920平方米。

室内设计：三文建筑。

（一）项目概况

别苑位于河南省信阳市新县，由多栋建筑组成，大部分建筑呈水平展开，设计师通过前后错动的布局和交替使用平顶及双坡顶的方式，赋予了建筑群体相互咬合的状态，营造出轻松随性的氛围。

在"别苑"项目的设计过程中，经过深入讨论和对整个园区的分析，新建筑的功能定位逐渐明确：它不仅是一个简单的民宿或单一的公共服务设施，还被赋予了多元复合的功能，包括作为客房、咖啡厅、茶室、多功能厅以及冥想空间。这些功能相互交织，通过复杂多变的通道相连接。在这种设计理念中，工业混搭风格的元素被巧妙地融入，形成了一个既实用又富有艺术气息的综合空间。

（二）设计理念

别苑的设计理念超越了传统住宅形态的界限，不同于城市中的精品酒店，也区别于乡间别墅。它更像是一个野性十足且朴实无华的农舍空间，既精致又不失自然。它是一个极具创新性的室内设计工程，巧妙地融合了多种设计元素和文化风格。通过这样的设计，别苑不仅提供了一种与众不同的乡村生活体验，还展示了如何在现代建筑设计中融入传统文化元素，创造出一个独特的空间。

别苑航拍

别苑航拍

从对面山坡上远望别苑

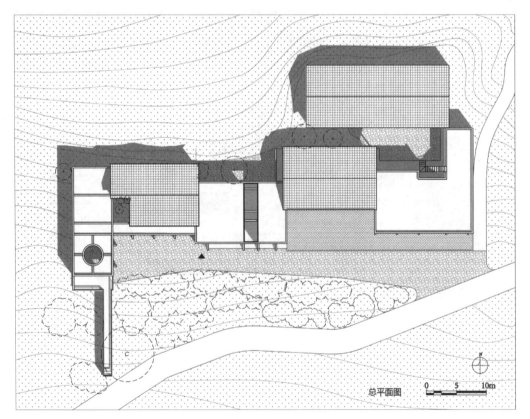

总平面图

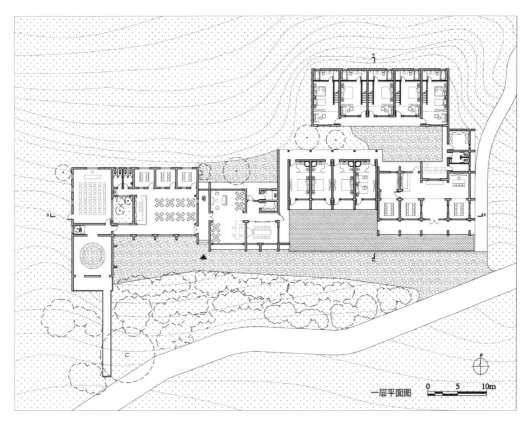

平面图

（三）户外空间

廊桥似水的涟漪，轻盈地连接了建筑与自然。在这里，人们可以感受到轻轻的风，听见树叶的低语，感受到光影在水面上的舞蹈。水池与光影的巧妙结合，增添了建筑的趣味性和戏剧性，每一步都能探索到新奇的视角和感受。

在别苑，每一处空间都是一个故事，每一步都是一种体验。这里不仅是一个建筑项目，更是一种生活态度的展现，一种融合传统与现代的文化对话。

从伸展出的廊桥回望建筑

廊桥

浅水池为建筑提供了一份灵动,也为夏季儿童的游戏提供了场所

浅水池为建筑提供了一份灵动,也为夏季儿童的游戏提供了场所

客房与茶室之间的内院

客房与茶室之间的内院夜景

从水面看客房

别苑外景

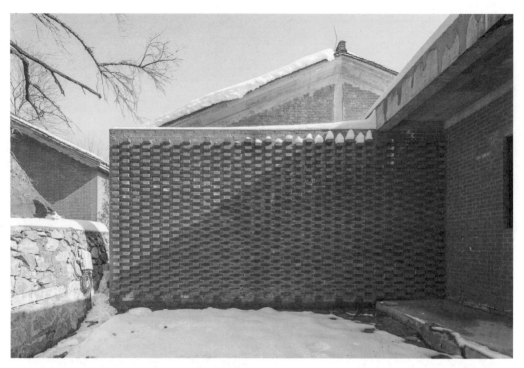

后院中的花砖墙,砖的凹凸形成了肌理,增加了空间的趣味性

别苑外景

别苑外景

别苑夜景

（四）廊道空间

  院子和路径构成了项目空间的一个重要特征。设计师借鉴中国传统建筑中房屋、院子和路径的关系，通过对路径的巧妙设计，使得空间的内外变得连贯而模糊。项目在功能上从最初的纯粹民宿转变为小型"田园综合体"，不仅包括客房，还拥有咖啡厅、茶室、多功能厅和冥想空间等。这些功能互相交织在一起，由复杂、多变的交通空间串联起来。整个项目的气质是精致而随性的，设计师使用20世纪80年代常用的红砖作为主要材料,并刻意将不同风格混搭在一起,形成一种"混乱感"。室内部分未做过多装修,直接暴露材料,形成了一种可控的粗野感。

这种设计手法在工业混搭风格中尤为突出,它不仅仅是空间的物理布局,更是一种创新的空间体验。为了将工业元素,如结构化的线条、材料的质感与自然景观更好地融合,设计师在传统的工业风格中加入了更多的层次和深度。这样的路径设计,不仅使别苑成为一个充满探索乐趣的空间,更让其成为体现现代设计理念与自然环境和谐共生的典范。

在每一个转角、每一段曲折的路径中,游客都能享受一种由内而外的发现之旅。这种设计理念不仅仅是对空间的物理改造,更是对游客体验的一种深刻洞察,使别苑不仅是一个建筑群落,更是一个故事和体验的世界。

茶室入口拱廊

茶室入口拱门

茶室入口

茶室入口

茶室入口

咖啡厅与水池间走廊夜景

狭小的走廊和夸大的大厅形成空间上的对比

（五）休闲空间

别苑的休闲空间没有过多的装饰，却透着精致与随性。休闲空间使用20世纪80年代常用的红砖，不追求风格的一致性，而是创造出一种"工业混搭感"。这种设计不仅是对传统乡村建筑的一种致敬，也是对现代生活方式的一种重新诠释。建筑内外，每一处细节都透露着设计师对生活的理解和对美的追求。

咖啡厅室内

咖啡厅内景

从咖啡厅透过窗户看水池和茶室入口柱廊

茶室夜景

茶室室内

茶室中不同特性的独立空间,使室内外景色进行着不同的对话

半露天的冥想空间，光影和界面形成了变与不变的对比

冥想空间与多功能厅之间的庭院

多功能厅

多功能厅墙面局部

（六）客房空间

别苑的客房设计，体现了一种精心策划的工业混搭风格。这种设计手法巧妙地运用了多种材料，如木材、金属、玻璃和各类织物，以及丰富多彩的色彩搭配，营造了一个既现代又充满温馨氛围的空间。

木材的温暖质感与金属的冷硬感觉相互对比，形成一种视觉和触感上的平衡。玻璃的透明与织物的柔软相结合，增添了空间的层次和深度。色彩的运用则更加丰富，从温暖的木色到冷静的金属灰，再到鲜活的织物色彩，每一种色彩都在讲述不同的故事，共同塑造出一个既具工业风格特点又不失家的温暖和舒适的客房空间。

客房室内

客房室内

别苑通过空间设计促进人际的亲近和社区互动,满足现代人对自然宁静的追求,并巧妙地融入社交元素,使其成为一个既适合个人休闲又有利于社区交流的理想居住环境。

二、锅庐艺术空间

项目地点:安徽合肥包河区宣城路105号。

面积：2000平方米。

设计单位：安徽科图建筑设计院有限责任公司。

(一)项目概况

合肥的锅庐艺术空间酒店坐落于安徽省合肥市包河区宣城路105号，原是一座废旧的锅炉房，经过八个月的精心改造，成为一处别具一格的艺术场所。巨大的烟囱耸立于繁忙的市区之中，红砖结构裸露于外，无遮无掩，讲述着历史的故事。

锅庐艺术空间酒店的内部经过巧妙的重新设计，被划分为办公区、城市会客厅以及多间民宿，虽然功能各异，但整体上展现了一致的审美观。城市会客厅的二层变身为一家书店，与爱知书店合作，为游客提供了一个沉浸于知识海洋的机会。此外，设计师根据建筑的不同格局，创造了七间风格各异、独一无二的民宿，使游客能在这里找到不同的生活体验。

锅庐空间内部天井

二层平面图

（二）设计理念

该项目结合了工业风格的工业美学与现代功能性，实现了对旧有建筑的再利用和城市文化遗产的保护。设计上采用"在地主义"策略，即在设计过程中充分考虑本地文化、历史和社会背景，确保项目与其所在地区的连续性。工业混搭风格保留了原始的工业元素，如裸露的砖墙、钢梁和管道，并通过现代设计手法对呈现效果进行了提升。通过这种方式，项目不仅保护了城市文化遗产，也为当地社区提供了一个充满活力的新空间。

（三）公共空间

城市会客厅采用简洁的黑色钢板楼梯，为空间增添一种干净而庄重的感觉。墙面保留了原建筑的痕迹，如裸露的混凝土和砖墙，不仅赋予空间一种原始的质感，也为现代元素提供了一个鲜明的背景。天花板上的工业风格灯具与空间的整体设计相呼应，提供了柔和而分散的光线,营造出温馨的氛围。平时,这里作为酒吧营业,并能灵活转换为举办沙龙或各类派对的场所。二楼设有爱知书店,这是锅庐创始人长期的愿望,他对这个与城市共成长二十多年的书店有特殊情感,最终促成了合作。整体空间采用开放式布局,没有明显的隔断,使整个区域看起来更加宽敞和通透。这样的布局促进了视觉流动性,并鼓励人们在空间内自由移动和交流。书店低调而精致的布置与知识的价值相得益彰,提供了一个直观体验生活广度的空间环境。

开敞的玻璃立面引入了室外的烟囱景观

城市会客厅俯视图

黑钢板分隔出立面空间，现代元素构成新旧对话的空间语言

吧台

黑钢板楼梯通向二楼的书店

(四)客房空间

　　七位设计师根据七种独特的建筑布局,将各自对生活的理解融入项目客房设计之中,打造了七间风格迥异、别具一格的民宿。游客无需远行,仅需转身,便能从简约明快的空间穿梭至充满拉丁风情的环境。在这些空间中,游客可以逐步体验从纯粹的清新愉悦到完全卸下负担的纯白宁静,最终在曾是"公寓"的地方重新审视城市与个人心灵的历史。

客房"自观"

客房"自观"

客房"漫屋"

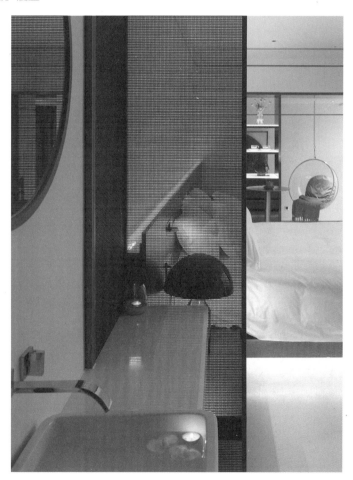

客房"漫屋"

客房"羽"

客房"羽"

客房"工寓"

客房"初喜"

客房"忘尘"

客房"艾丽莎"

从客房看向城市

　　荒废不是美,但你可以把荒废的变成美的。情怀不是没有用,而是要走出小我的束缚,去影响更多人的生活。是蜕变后的情怀,让巨大的烟囱,突然有了让人向往的前程。除了傲慢与偏见,没有什么应当被抛弃,这是锅庐宣言。

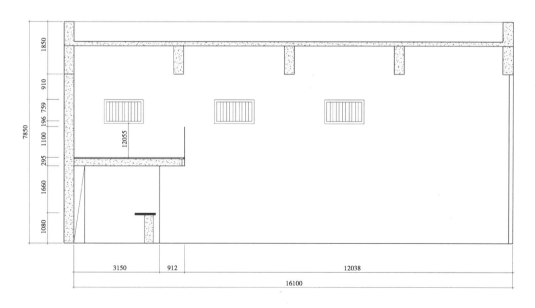

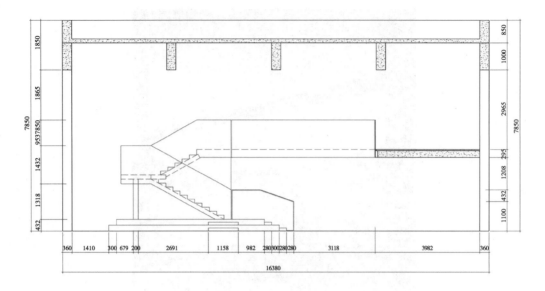

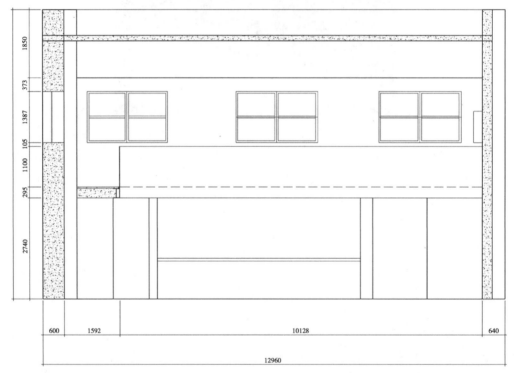

内剖面图

三、远山有窑民宿

项目地点：重庆市沙坪坝区丰文街道三河村。

面积：670平方米。

室内设计：田琦、岳强。

(一)项目概况

远山有窑项目位于重庆市沙坪坝区丰文街道三河村,是对原有虎溪土陶厂的活化与改造。该项目的建筑面积为670平方米,于2018年建成。建筑坐西面东,共两层,首层除一个采用大面积落地玻璃、用于入口接待的茶饮空间外,其余部分均为在小青瓦木构架覆盖下的开敞空间。东侧室外完全开放的露台,最大限度地保留了俯览山林的视角,直面远山、视野开阔。

(二)设计理念

远山有窑民宿的设计理念源于将传统文化与现代设计相融合的思想,旨在打造一个依托复合陶艺文化的类型公共文化空间。项目以传统手工艺为载体,通过植入多元化的服务业态,打造一个复合型文化体验休闲空间。不同于一般的乡村改建实践,它是由当地村民投资、建设并经营的。设计上,它与自然环境融合,并将传统材料与乡村建造技术相结合,反映了设计者、使用者对传统与现代、自然与人工的深刻理解。

远山有窑民宿建筑全貌

远山有窑民宿建筑外观

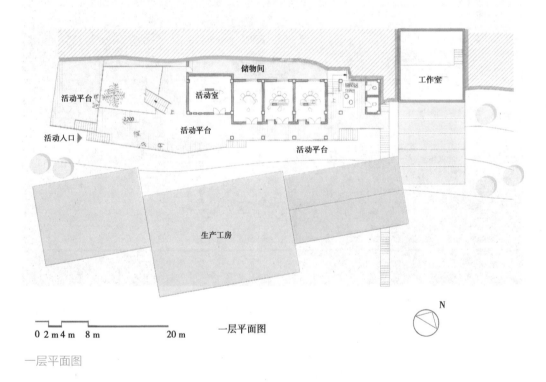

一层平面图

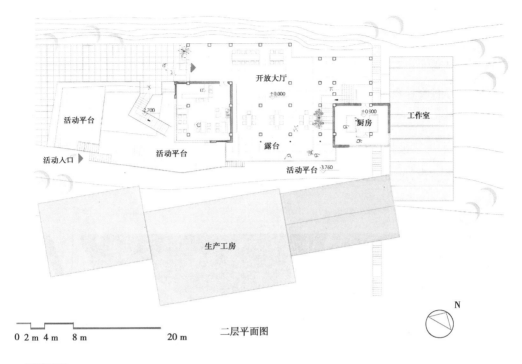

活动平台

活动平台

活动入口 ▶

开放大厅
±0.000

露台

活动平台

-2.700

厨房
±0.900

工作室

活动平台 -3.760

生产工房

0 2 m 4 m 8 m   20 m

二层平面图

N

二层平面图

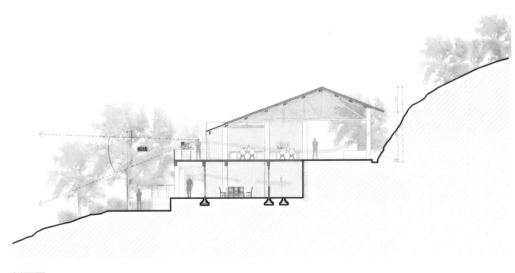

视线

剖面图

（三）户外空间

户外传统建筑材料以其能赋予建筑深刻情感、历史痕迹、生机与温度而受到珍视，其天然的协调性和对传统工艺的支持是现代材料难以匹敌的。在这一改造项目中，对老旧建材的回收和再利用不仅体现了可持续性的承诺，也赋予了空间无法复制的历史感。采自附近蒲元镇旧木材市场的材料，如小青瓦、木梁和木地板，在节约成本的同时，为建筑带来了独特的质感和温度。此外，设计中巧妙运用本地材料，如竹制吊顶和石陶组合洗手台，展现了对地方性和创新的深刻理解，与工业混搭风格的室内设计完美结合。

红砖墙的肌理

土陶罐做的地灯

远山有窑一期全景

隐于山林中的远山·手作工坊

坡屋顶与远山

（四）公共空间

在远山有窑项目的大厅西侧,设计师运用"融景"理念,将自然景观巧妙地融入室内空间。通过这种设计策略,山体与建筑的界限被巧妙地打破,山石和绿意成了空间的一部分,创造出了一个与自然无缝连接的环境。裸露的石墙和砖墙呈现出原始质感,木结构的屋顶和现代家具设计又为项目增添了温馨的气息。整体布局强调开放性和自然光的使用,营造出一种既有历史感又适应现代生活的用餐环境,体现了工业混搭风格与自然元素融合的设计美学。

入口和咖啡厅处,设计师巧妙地展示了一系列窑口,使它们成为空间中的一部分,仿佛是精心布置的展品。这些窑口不仅是对地方特色的彰显,也与工业混搭风格的室内设计相得益彰。开放式木结构屋顶和周围的石墙增添了一种质朴的乡村气息,木质的长桌和椅子提供了自然的温暖感,简约的设计语言又确保了现代风格的统一,为整个空间增添了一种独特的文化氛围和视觉效果。

混凝土的结构性特征与木制家具的温暖纹理相结合,创造了一个既现代又舒适的工作和休闲环境。大窗户引入自然光线,并提供了对外的自然视野。整个布局既实用又美观,展现了室内设计在创造宜人生活空间中的作用。这种设计不仅体现了对当地建筑传统的尊重,也在工业混搭风格中加入了一抹土生土长的趣味。

西侧的山石延伸至室内

入口处

室内咖啡厅

位于二楼的乡建工作室

二层公共空间

远山入画

土陶器展示墙

印刻着时间痕迹的夯土墙

铜色钢丝网分隔开土墙与室内空间

夜色中的远山·手作工坊

（五）新旧材料对比

现代材料被用来表达新旧之间的对比，象征着时间的交融与延续。清水混凝土作为建筑的主要结构材料，无修饰地出现在室内外，形成了与入口处夯土老墙的鲜明对比，水磨石地面、红砖墙面、素混凝土顶与土墙增添了一种原始的质感。木质的桌子和现代简约的椅子为这个空间带来了温馨和舒适的氛围，而墙面上的装饰性照明则增强了空间的层次感和现代感。此外，悬挂于土墙一侧的铜色金属网既起到空间分隔作用，又增加了朦胧的质感，使空间在现代与传统、内与外之间实现了和谐的融合与共生。

屋面上小青瓦的运用、室内桌面上再利用的旧门板、室内墙面的砖砌花窗、地面的传统水磨石处理、保留的夯土墙前竹构、以红砖墙为背景的土陶器展示柜，以及室外用当地石材砌筑的花台和步道等，都展示了设计师如何将传统材料巧妙地融入现代设计中，赋予了空间独特的魅力和温暖的氛围。

耐候钢门框作为入口的限定

从二层平台俯瞰远山

　　在现代建筑实践中,融合传统建筑材料不仅保障了乡村建筑的安全和舒适,还满足了现代审美需求。传统材料的历史质感和乡土韵味通常会超越现代材料所能展现的深度。这种对传统与现代材料的混合应用,形成了乡村建筑发展的理想模式,这在工业混搭风格的室内设计中体现得尤为明显。

第七章
乡村民宿室内陈设设计的展望

  民宿不仅仅是一个只能歇息与安眠的物理空间,还是一个可以放松与怡情的精神场所。走进民宿,旅客可能渴望的不只是一个住所,更是心灵的皈依;徜徉于民宿周边,人们流连的不只是山山水水,还有抬首可见的诗与远方。就目前国内近17万家的民宿规模来说,虽然很难说供给侧的布局空间已经饱和,但可以肯定的是,基于商业预期与趋利性驱动,还会有更多的后来者进入民宿投资与经营市场。

  根据国家信息中心发布的《中国共享经济发展年度报告(2023)》的分析结论,在住宿领域,2022年共享住宿收入占全国住宿业客房收入的比重约为4.4%。为减少疫情对旅游住宿业的冲击,相关部门出台了一系列助企纾困举措。2022年国家发展改革委、文化和旅游部等14部门联合出台《关于促进服务业领域困难行业恢复发展的若干政策》,各地也相继出台进一步的落实措施,为旅游住宿业应对疫情冲击提供更多支持;文化和旅游部等10部门联合印发了《关于促进乡村民宿高质量发展的指导意见》,进一步加强对行业发展的指导、放宽准入要求、优化政策环境,为乡村民宿发展创造更好的外部环境。

  但值得注意的是,除了莫干山等少数民宿的入住率达到了50%,全国民宿目前平均入住率只有31%,而且非节假日还出现大面积无人入住的超冷现象。同时,绝大多数民宿的单体规模都非常小,并且同质化竞争非常严重,乃至超过80%的民宿目前并未盈利。因此,在存量规模已然可观、增量资本继续叠加的情形下,市场的白热化竞争将牵引民宿赛道展现出全新的行业趋势。

乡村民宿室内陈设设计的问题

随着乡村振兴战略的推进、乡村文旅融合的发展,民宿建设步入一个高速发展的时期,随之民宿相关研究也进入了一个新的阶段。但与此不符的是,国内民宿室内设计仍需要不断实践与开拓。在乡村地域振兴与文旅融合的政策导向下,针对乡村地域文化与乡村民宿的结合研究仍需进一步完善。

(一)客户群体缺乏整体审美意识

如今,随着物质文化生活水平提升,大众的审美鉴别能力已经有了提升,但审美创造能力还有待提升。尽管人们有追求更加舒适、更加有品位的室内环境的需求和意愿,但由于审美观念还达不到一定高度,部分陈设效果不尽如人意,造成了装饰资源的浪费。甚至一部分消费者存在陈旧的观念,坚持过度的实用主义,室内审美意识淡薄,认为室内空间陈设只是富人的专利或多余的消费,不愿意在上面投资,因此网上才有那么多批判长辈审美装修风格的帖子;而新生代消费者,虽然已经具备懵懂的审美意识和基本的鉴别能力,但他们中的大多数仍然缺乏规划美、实现美、创造美的能力,容易盲目跟风模仿。可见,国人的审美能力虽在进步,但距离自己去创造美、实现美还是存在差距的。审美教育的普及、审美能力的提升都需要一个过程,所以当下由专业的软装公司提供设计、选材与现场施工等服务还是很有必要,毕竟软装不是单一产品,涉及的品类非常多,选材时需要对产品有了解,搭配时对审美有较高的要求。

(二)陈设设计师水平参差不齐

最近几年来,随着国内装修行业的不断细分以及国外潮流的影响,设计师作为新兴行业开始崭露头角,各装修公司以及品牌企业也开始引入陈设设计师,推行软装服务。北京、上海、深圳以及广州等经济发达的一线城市有专门的软装饰设计机构和设计师。目前从业的陈设设计师一部分是室内设计师转行或兼职,另一部分是艺术等相关专业背景的人员或设计爱好者,甚至某些所谓"软装公司"前身就是生产或销售窗帘墙纸家具的家居厂商或销售商。它们通过单纯形式上的转型改称某某软装公司,其设计人员还处于学习阶段或者说其实根本就是由销售人员充当,使陈设设计师存在资质良莠不齐的现象。国内软装行业处于起步阶段,入行门槛较低,缺乏权威协会、机构进行培训以及考查,缺少统一的等级和收费标准,整体专业水平有待提升,专业从事软装设计人才依旧稀缺。市场对陈设设计师的综合素质要求较高,入行容易、做好难是普遍现象。

目前,国内的公装行业的陈设设计相对家居陈设设计要成熟一些,而潜力巨大的家居陈设设计作为现阶段陈设设计的终极市场目标要求更高。目前,国内的一些设计师对陈设设计理解较为肤浅,甚至有些设计师直接充当的是"买手"和"摆件员"的角色,认为购买市场上流行的新款家居陈设品简单组合摆放就能完成好的设计,没有形成系统性思考,缺乏自主创新意识。在软装设计师参与到室内陈设设计中之前,装修设计师通常将关注点放置于房屋结构变动、各种背景墙板的设计制作等方面,往往对灯光照明、陈设品风格造型和色彩搭配等的设计关注得较少,缺少营造整体空间呈现效果的意识和能力。软装设计师要从深刻理解使用者需求出发,充分挖掘需求背后的文化风格,运用富有艺术品位的设计语言,结合现代科技发展带来的装饰品设计样式、材质和先进工艺,设计出符合时代发展潮流、高品位的设计作品,以满足客户室内环境高层次体验和艺术审美。

(三)室内的结构装饰设计与陈设设计的脱节

如前面所讲到的,长期以来,中国室内装饰设计行业缺乏软装设计师的参与,室内装饰通常以功能结构装饰设计为主,各种设计工作室和设计师对后期的陈设家具和配饰设计普遍比较少。尽管到了现在,人们对室内陈设设计越来越重视,但实际上消费者仍然比较难于从市场上找到既能做室内装饰设计又能做室内陈设设计的专业机构。也有相当一部分设计公司打出了"轻装修、重装饰"的口号,可实际上软装设计部分能够从消费者那里拿到室内陈设设计的费用甚少,所以他们还是选择服从现实,将重点放在前期硬装部分,较少将室内软装部分真正置于足够重要的地位。

而有些应市场需求新成立的专门从事室内陈设设计的设计工作室或者公司,为了与传统设计公司明确责任边界,主要开展室内后期陈设品和配饰的设计。它们往往不具备较强的室内结构装饰设计和施工经验,一遇到需要对装饰工程进行结构设计和空间改造就会有些力不从心,更难以承接完整的室内装饰设计工程。

(四)行业标准与规范有待实践的验证与完善

近年来,"轻装修、重装饰"理念逐渐为国人所接受,且有成为室内设计主流的趋势。但论起"陈设设计"概念、内涵和外延,行业内还没有完成严格意义上的界定。众所周知,在建筑设计行业有各种建筑设计规范、制图规范作为遵循,室内设计行业也有相对明确的设计收费标准、管理暂行规定等。然而,由于陈设设计行业在国内起步较晚,行业标准尚待完善成形,目前只是作为室内设计的一部分进入先行先试的摸索阶段。

进入21世纪以来,人们在家庭装修中,花在陈设艺术上的费用几乎为装修费用的一半,中国建筑文化研究会陈设艺术专业委员会的社会调查数据也表明了这一点。而在高档酒店的装修中,陈设艺术的费用占总投资比例可以达到60%。有关部门统计,陈设行业的产值已高达2.5万亿元,市场还在快速增长。但由于国内陈设设计长期缺少相应的标准、规范,室内陈设设计方案水平参差不齐,相当数量的陈设工程质量不高,安全和环保问题突出,室内陈设的审美品质更是难以提高。

中国建筑文化研究会发布了团体标准《室内陈设设计规范》(T/ACSC 01—2019),该规范可作为室内设计、陈设设计人员进行室内陈设设计的基本依据;装饰、陈设施工单位与监理人员开展相关工作的基本依据;陈设产品生产厂家进行新产品研发的重要依据;广大业主进行陈设设计工程验收的主要标准。在普及与提高我国陈设艺术的同时,该规范的问世将使陈设设计和陈设工程有章可循,为创造更加舒适、安全、环保和美观的工作环境、生活环境,提高人们的工作效率与生活质量,提供重要的依据。

中国民宿室内陈设设计的现实策略与发展趋势

一、中国民宿室内陈设设计的现实策略

(一)注重文化体验与互动

文化体验导向是我国民宿陈设设计的主要趋势,它意味着民宿的室内陈设设计强调体现当地文化、历史和传统的元素,以丰富住客的住宿体验。乡村有着丰富的文化传统和地域特色,民宿室内陈设设计可以通过运用具有乡村特色的元素和符号,营造出具有乡土气息和地域文化内涵的室内环境。

地域文化符号是对地域的典型建筑通过一定设计方法进行提取、简化和再设计的形式化视觉语言,是具有地域文化特点的"再设计"的设计元素。地域文化符号的提取过程是针对地域文化内涵进行的有目的的提炼,即在风俗、建筑、饮食、文化等方面,对其复杂的形式和结构进行简化,对其地域文化图形图案的原有关系和深层含义要素进行提取,以及对其设计进行再创新。为此,在民宿改造设计之前,设计师不仅需要考察当地自然环境,还应清楚地了解当地的历史文化内涵,通过象征性的表达方式重新展现地域的传统文化,通过对文化元素的典型特征进行符号提炼和简化,用新旧文化的设计语言进行诠释和再设计,并将其运用到民宿改造设计中,以凸显民宿的时代特征。

(二)传统文化与传统工艺的延续与传承

传统设计艺术如何延伸与发展在世界范围内都是一个难于解决的课题。经济全球化在极大促进世界各国经济社会发展的同时,对各国传统文化或多或少带来了冲击,甚至令有的传统文化几近消亡。这种趋势体现在设计领域就是同质化现象非常严重。拿我国来说,尽管我们有着5000年的文明传承,流传下来的园林、居室文化呈现了地域、民族的迥异风格,也分别受到儒家、佛教、道教等宗教影响并留下鲜明印记,近代还吸纳了流传进来的国外艺术风格,使我国室内陈设设计既有鲜明的传统艺术特色,又有文明交融特色。改革开放以来,中国经济融入世界的程度越来越深,"国际化"成为一段时间以来一些国人追赶的时髦生活潮流,以致不少缺乏文化自信的设计师,打着"洋为中用"的幌子,盲目崇拜西方艺术,照抄照搬西方装饰符号,津津乐道于某些舶

来风格,在酒店、公寓房、高层住宅乃至农村自建房里面打造了大量品位驳杂、土洋结合、华而不实的失败设计案例。实际上,国际生活方式的中国化并不意味着照搬模仿,如何在新的时代里传承优秀的传统设计艺术,成了一个需严谨思考的问题。

中华民族在认识世界、改造世界的实践中,通过自己的智慧和创造精神,积累了大量的经验,形成了璀璨恢宏的文明体系,其中一部分就体现在传统文化和工艺上。无论是过去、现在,还是未来,它们都是我们必须珍而重之的宝贵财富。从这个角度出发,我们审视现代室内陈设设计,会发现我们应该在充分理解中华民族文化传承并有效借鉴流传下来的文化瑰宝的基础上,本着满足现代国人物质文化生活需要的目的开展创新。我们还应当认识到,传统工艺也是为了满足人们生活而出现的,各种工艺门类都因其相对于所处历史时期的技术先进性,迎来了发展的鼎盛时期。这些工艺所蕴含的伟大创造意识和创新能力,对当今的启示意义十分重要。

因此,理解借鉴先人智慧,让传统工艺焕发新的活力,通过现代技术得以升华,为现代设计提供灵感源泉,设计出富有民族特色的室内陈设,为国人创造美好生活的同时,提供优质的文化体验,是一项极有意义和价值的事业。此外,艺术设计人员将传统技术应用在当代室内陈设设计中的不断探索,将极大拓宽室内陈设的创新模式和机制,对室内陈设设计理论和实践都将产生积极而深远的影响。

(三)装饰设计公司与陈设设计公司的联合

软装设计业根据项目方定位的消费人群分为低端和中高端两个不同的市场。在低端市场,项目方往往采用建筑装饰装修公司为其提供一体化服务,达到尽量控制成本、简化项目流程的目的,专业从事软装设计的设计公司很少涉及这部分市场。而在中高端市场,则多数采用设计与施工分别实施的模式,由陈设设计公司为其提供专业设计方案,再由项目方另行委托装饰装修公司实施后续的装饰装修工程。

室内装饰设计本质上是一个系统工程,在满足使用者多样化需求的过程中,任何一个细节的调整都可能影响整体目标的达成或者效果的呈现。设计伊始,就需要装饰装修设计和陈设设计共同起步、互为补充。前者把握宏观效果、整体布局;后者开展深入细致的配饰设计、整体设计,为细部细节提供施展空间,并确定风格,让细节为整体服务,实现增色提质。

因此,装饰设计公司需要与陈设设计公司联合,通过两个设计师团队的紧密合作、沟通协调,使整体室内环境浑然一体、协调融洽,为使用者提供尽可能完美的空间体验。

(四)注重设计的创新化和情感化

软装属于时尚产业,如果说硬装产品注重的是自身品质,那么软装产品的灵魂则是设计与创新,强调色彩、造型、质地等艺术性。软装饰行业只要不断推陈出新,适应人们对生活品质的要求和艺术品位的追求,甚至引领时尚潮流,就能实现长远可持续发展。软装饰行业从业人员可以通过灵活调整陈设品种类、布局、配色、灯光亮度等方式,来实现空间风格、主题的转换变化,同时帮助居住者进行身心调节,始终保持良好状态。

而关注情感化设计也是创新设计的一个切入点。所谓情感化设计就是通过各种形状、色彩、肌理等造型要素,将情感融入设计的作品中,让使用者在欣赏使用产品的过程中产生联想或代入某种故事情景,从而产生认同与共鸣,获得精神上的愉悦和情感上的满足。在21世纪的今天,就业职场、生态环境、身心健康、人际关系等巨量信息迅猛地从各个方位不停冲击着人们的观感和认知,人们往往容易迷失在影响自己判断的信息海洋中,同时各领域的社会竞争、快节奏的工作生活,难免使人产生焦虑、压抑、恐慌等负面情绪,因此空间陈设设计还需要考虑到使用者调节心绪的情感功能需求。在功能、外观、体验感方面面为使用者营造舒适、安心、快乐的家居环境,也能为不同个体创造个性化的空间和审美体验。

(五)提升陈设设计师专业素养

近些年,我国的软装饰行业发展迅速,全国各地都出现了软装饰行业发展的热潮,各个地区的软装饰综合市场不断涌现,而足够数量具备一定素质的室内陈设设计从业人员则是行业发展基础。我国已经全面进入小康社会,人民生活水平不断提高,越来越多的人开始追求生活的品位,对居住环境品质和艺术性要求日益提高,推动着室内陈设设计行业快速发展,涌现出一大批知名设计公司和工作室。据初步估算,室内陈设设计从业人员的数量已近百万。尽管不能否认实践出真知,许多半路转行而来的设计师也相当优秀,但设计专业科班出身或通过自学考取设计师资格证的却还是占比较少。随着更多人对软装的认识进一步提高,具有深厚专业基础和工程实践经验的设计师需求将更大,行业亟需从整体健康发展角度进行专业设计人才培养。

在整个室内设计中,陈设设计的要求相对较高,需要掌握的知识技能也比较全面,需要具备室内设计原理、陈设设计原理、材料与构造、人体工程学、环境色彩与照明等基础理论知识和设计基础知识。陈设设计师还需要非常了解市场上家居类产品的材质、尺寸、形态、风格以及文化背景。陈设设计师的工作重点之一就是产品的艺术整合,利用采集模板及工作系列表格系统地进行采集。只有了解了大量的产品知识,陈设设计师在做设计的时候才有大量的素材供选择,才有可能找到最适合自己作品的配饰元素。另外,对产品熟悉还可以帮助设计师极大地提高工作效率。陈设设计师还需要与客户的沟通技巧,准确理解顾客的需求并将能自己的方案构想清晰传达给客户,另外还要求陈设设计师有较高的空间把控力、审美素养、文化底蕴和时尚品位,以及具备一定的创新创造能力等。按照室内空间整体布局,以及使用者的一般需求和特殊需求,合理确定室内环境设计的目标,并能艺术性选择和配置相应陈设品,着力为使用者创造出功能与品位并重、共性与个性兼顾、舒适与健康相宜、科技与自然融合的室内环境,是陈设设计师的重要职责。

1.注重室内艺术表现力

室内陈设艺术表现力的强弱与设计师的审美素养息息相关。陈设设计师要具备一定的美学基础或者审美水准,提升审美最重要的一点,也是其底层逻辑,就是海量看图并学会分析总结,知识和技法就成了自己的能力。陈设设计师应多看国内外行业内优秀的软装作品、软装书籍、设计杂志、美学电影、灵感网站、时尚展会等,并在不断地观看学习的过程中逐步构筑起自己的知识体系,提升自己的审美素养和时尚品位。

艺术性在室内陈设设计中,从来都是一种心理学意义上的要求,通常需要在设计师在与使用者充分沟通的基础上,把抽象的对审美的想象具象化。这个过程往往较为复杂,甚至有时"可意会不可言传"。简而言之,就是将室内原有要素和即将添加进来的陈设配饰等要求进行统一考虑,用符合使用者审美要求的方式进行整体呈现和细节设计,让使用者心中的理想空间与实际存在的室内环境实现融合。

不同室内空间在功能上定位不同,也就需要与之对应的艺术定位。举例来说,商场、专卖店陈设需要时尚吸睛并让人有购买欲;度假酒店陈设需要浪漫的主题让人轻松惬意;而居室空间客厅陈设应当让人觉得赏心悦目、生机勃勃,卧室陈设需要符合安静、放松的空间氛围。因此,室内陈设设计要依据既定的美学基调,选配相应的灯光、材质、亮度、色彩和造型外观,呈现出预设的艺术效果。

室内环境中的色彩设计通常是由艺术性所决定的。不同色彩在不同文化中往往代表着不同的情感,如何将色彩运用合理起来,使其对环境整体构建具有艺术感染力,其实有很多方式。例如,以室内灯光设计作为艺术氛围打造的重要内容,需要在灯具选择、排列与配光中结合自身特色,通过调节光强、亮度、色度及点位布局和光照范围、方向,为使用者带来丰富的视觉和心理感受,对环境的艺术表现力具有极大的增强效果。

室内陈设设计是空间规划设计和艺术性的结合,因此空间的明确定位是首要的。其次就是要从特定使用者需求和艺术审美出发,结合陈设品配饰设计为其创造符合其自身品位的独特艺术体验空间。此外,通过各种要素的艺术处理,满足使用者情感和审美需求,结合现代科技应用,提升空间情绪感染力。

2.文化延展性的重视

不同地域、不同历史时期都有不同的文化特有表征,而这些都会从形式、内涵和风格上影响室内陈设设计的呈现表达。这里必须要说的就是文化的延展性,它可以集成一个特定民族在不同历史时期的特有文化元素,以表现这个民族文化的主要意蕴。在信息传播零时延、无边界的今天,多种文化相互碰撞、交融直至形成了多元发展、兼容并蓄的复杂文化现象,陈设设计从业人员面临着前所未有的更加多元的客户群体和文化风格需求。如何理解熟知这些潜在客户文化风格背后的历史沿革和特有内涵,并能够快速挖掘提炼出哪些历史、哪些文化要素资源能够被用于即将面临的设计,是一个必须面对的挑战。如果在设计中能够充分参考借鉴风格历史文化符号和地域文化特征,运用现代设计理念与时尚元素进行巧妙融合创新,并在深度分析使用者现实需求的基础上,尝试赋予其随时代变化所可能的发展特征,必将创造出令人耳目一新的设计作品。

20世纪90年代以后,受文化地域主义兴起的影响,国内室内设计师开始在更加注重中国传统文化的同时,逐步将传统文化和现代设计理念、创意手法进行整合。例如,为了反映中国文化的特点,在室内设计中注重添加国画、书法、瓷器、盆景等元素。而有些陈设设计师在处理文化装饰品的时候,并不局限于传统的风格,而是试着将现代的新材料和新技术加入进来,以改变原来的特定形式,从而将传统文化、现代艺术和先进技术有机地组合起来,创造新的文化形式。比如,当前为很多国人所接受和推崇的新中式风格,便是一种对中国传统室内设计艺术风格的继承和发展。其中,设计要素的大部分是都可被解读为现代中国人审美倾向与传统装饰相结合的再设计。在体现想要表达的文化特征时,一些传统的装饰品和日用品原来的使用价值被改变,成了一种文化风格的载体。一个国家和民族的文化包含了时间与空间、哲学与道德、科技与人文等诸多因素,是历史沉淀下来的珍贵财富,在室内环境中合理使用,将使最终呈现的设计作品的文化性、象征性和感染性更加显著。

3.设计科学性的加强

科技改变生活,科技创造美好生活。由于社会科学技术的进步,加之人们在追求生活品位、提升生活舒适度、便捷性方面需求也有所增多,陈设设计师自然也要顺应时代需求关注新的科技产品和材料工艺,将其应用到设计中。人们对科技在改善生活中应用的需求促使其快速发展,而科技的快速进步则不断为人们带来新的需求。

比如,人们在外工作和旅行需要及时与家人通信,促进了移动通信技术的发展。短短20余年的时间,从第1代发展到了第5代,第6代也已经取得了突破性的进展,而移动通信技术的发展催生了人们更多的需求,如远程遥控智能家居设备实现室内清洁、在线备餐、提前调温、宠物投喂、花园浇灌等新的居家环境功能需求。同时,新型环保装饰材料和新型结构工艺的设计、检验、快速面世及成熟应用,离不开计算机设计筛选、性能的数值仿真和加速老化、极限条件模拟等现代检验检测技术。

此外,陈设品设计要素的选用配置也要遵循科学性原则。譬如,家具选用及布局需要符合人体工程学原理;灯具设计与布局既要考虑心理学,也要符合光的反射、折射、衍射等光学原理。室内陈设设计作为一门科学,需要在实践中不断增强其科学属性,充分吸纳人类科技进步最新成果,为人们创造越来越美好的工作生活环境。

4.设计原创性及创新性的提高

原创设计和定制服务是发展国内陈设设计市场的核心问题。高中端的客户群对陈设品的设计和选择要求是比较高的,他们需要的是有针对性的创新作品和更专业的定制设计服务。这就要求陈设设计师不仅能按照室内设计的整体风格要求设计和选配优质的室内陈设品,还能根据客户需要的个性化需求设计部分关键陈设品和配饰,为整体主题风格增色或者补充,从而完善整体室内环境。

现代软装饰设计的个性化原则,要求软装饰的设计方案必须基于具体对象、具体时间、具体地点和具体空间而针对性设计。陈设设计师要敢于打破传统的既定思维模式,在遵循传统的装饰方法之外敢于尝试新的创意。比如,现今"80后""90后"消费群体已成为陈设设计市场的主力军,他们乐意为了家居陈设产品个性化与品质服务买单。针对这一特定的消费群体,要敢于追赶甚至引领时尚潮流,用艺术创造新理念创造室内空间陈设的个性化设计,根据他们诉求多样、求新求变的性格心理特点和追求时尚轻松生活方式的特征,进行软装饰设计,使用明快简洁的空间布局、功能多样的智能家居、搭配具有个性化的雕塑艺术和数字绘画艺术等潮流元素,反映年轻消费群体的个性化审美需求。

总而言之,软装饰设计市场随着规模越来越大,也势必发展越来越成熟。软装饰设计公司应首先根据客户背景及诉求提供完整的整体构思,并在整体软装设计方案(家庭饰品、窗帘、地毯、花艺等)、材质选择、预算规划、现场指导等各方面为客户提供一系列服务;其次针对住宅、酒店、办公室、商业空间、展示空间等不同品类进行软装设计产品开发和生产销售。对整体装饰市场而言,这样的模式对于设计师和设计公司本身、生产经销商、房地产开发公司、房地产公司、消费者来说都是合理的商业模式。该模式又被称为全案软装,它以设计为引擎、以全屋软装配齐为构成,从空间、功能、硬装风格及客户需求入手,提供个性化的方案,再根据预算选配家居、窗帘、墙布、壁布、灯饰等产品,进而满足客户多方面的需求。随着整体软装模式走向成熟,当渗透率提升到一定程度时,它将成为品牌与经销商、从业者们的业绩助推力。

二、中国民宿室内陈设设计的发展趋势

(一)低碳环保的可持续性发展趋势

日益严重的环境污染问题和脆弱的生态平衡体系成了人类发展进程中急需研究的课题,工业如何发展才不会对生态环境带来破坏成为世界各国都在努力破解的难题。大众也越来越感受到自然环境恶化带来的生态危机,自觉接受低碳环保、节能减排的理念。这在与自己日常息息相关的居住环境上,体现为对建筑空间结构采光、通风合理性,以及装修装饰材料的节能、环保,再到室内灯具、家具类陈设品的材质、功用

和布设，都提出了新的更高要求。

快节奏的现代生活催生了更快节奏的产品设计、生产和消费，人们生产产品的过程中不再注重长远，而是追逐快利，导致远超人们需要的大量产品被生产出来，廉价供应，肆意浪费，继而丢弃，对生态环境造成了破坏，带来了大量的环境和生态问题。随着人们环保意识的觉醒，低碳环保、贴近自然将逐渐成为人们的偏好。室内陈设品的设计必然也要更加注重原材料的来源是否环保，还要审视产品的全寿命周期产生的废气、废水污染物对环境造成的压力等，设计中尽量减少一次性消耗品，延长使用期限，提倡重复利用。新的需求需要新的理念，新的理念引领新的供给，新的供给又带来新的需求。使用优质的生态材料将顺应时代的审美，得到市场的认可，并因自身的设计属性为设计师提供新的灵感，有助于缓解环境压力，减少对传统木材的依赖。现代室内陈设设计通过减少能源资源消耗，注重环境承压度和生活舒适性统一，创新使用各种绿色材料和低碳工艺，推动新型环保装饰材料产业的蓬勃发展，在将优质健康环境提供给人们的同时，促进环保事业，驱动创新产业发展，实现经济、社会、民生、环境多赢，人与自然可持续发展。

在绿色设计成为一种倡导潮流的今天，农作物秸秆作为一种常见的传统农作物资源，改变了几千年来还田改墒、烧火做饭这种低价值的应用方式，成为众多新生代设计师竞相追逐的新型陈设品设计材料。众所周知，尽管中国森林覆盖率近年来有了不小提高，但仍改变不了我国森林资源紧缺、林地资源分布不均的整体现状，人均森林资源在世界尤其是排名靠后。与此同时，中国的农业作为第一产业为解决国人的粮食供应提供着最重要的基石，农作物秸秆资源非常充足，产量相当可观。秸秆因生长周期短，具有可降解再生性质，符合生态低碳的时代发展趋势。由于秸秆来源于自然界，以其为基材加工而成的产品稍加处理甚至不加处理，就可成为自然界生态循环的自然参与者，对减少非自然资源使用、降低环境承载压力有着至关重要的作用。

目前，秸秆高值化利用和资源化利用已经成为中国 2030 年碳达峰行动方案中的重要内容，国家和地方政策陆续出台将加速秸秆产业化进程。近些年，国家先后出台并颁布了秸秆资源利用相关政策，使国内秸秆建材产业链逐步建成，并快速发展，随之秸秆材料也开始逐步应用于现代家居设计中，包括秸秆板材家具、装饰陈设品、餐具、编织品等，具有很好的市场发展前景。

随着科技的发展，除了秸秆等传统绿色环保材料，新型环保材料也在室内陈设中有所开发应用。2018 第十三届中国国际建筑装饰及设计艺术博览会（设博会）的核心单元——2018 环球原创设计生活艺术展中的宝贵石展区中，便展出能透光的灯和能透光的墙面。宝贵石展区内所有的材料均采用混凝土制作，虽然透光混凝土在国外已流行多年，但在国内却很罕见。宝贵石的所有产品均为国内自主研发，可以说体现了很大的技术突破。此外，鸟巢未来生活馆的内外墙材料也全部使用宝贵石的材料制成。

宝贵石应用的混凝土材料拥有低碳环保、耐磨损、防开裂等优点,在生产过程中能够节省80%的水泥用料,降低污染排放,不仅在技术上实现了突破,还为环保事业做了贡献。

　　在家居空间陈列设计中,个性的DIY手工装饰品,如瓦楞纸、饮料瓶等制作的精美的异形灯具,干枯树枝加工而成的花瓶、衣架等,既别致有趣又节能环保(见图6-7)。此外,使用亮度更加多变、颜色更加丰富、造型更加多样的节能灯具取代普通的白炽灯、日光灯,或者通过采用遮光隔热窗帘、保暖地毯来减少空调使用、降低电能能耗,还可采用用速生竹木制作的家居用品替代传统木质家居降低森林资源消耗。在细微的改变中,人们逐渐习惯了低碳环保的生活方式,也为陈设设计人员提供了新的艺术需求和创作灵感。

废弃玻璃瓶灯饰

竹制家具

(二)陈设产品的参数化趋势

当代住宿业对个性化和高效率的追求。这种趋势的核心在于使用先进的设计和制造技术来创建可定制、可调整的家具和装饰品,以满足不同客人的需求和偏好。不同大小、风格的民宿的室内陈设产品具有临时性与特殊性的特点,然而大多的陈设产品并不能做到准确识变、科学应变,来满足特殊的尺寸与风格。对此,借助参数化设计手段,将各项设计要素设定为变量,通过参数变化生成多元的设计方案,动态、实时、科学地开展设计工作,将能有效地将陈设产品设计与场地特征、使用需求相贴合。

陈设产品在民宿整体空间之中虽为独立的个体,但与环境的融合与协调是必不可少的。参数化设计可以将所处环境中的自然因素的相关信息转化为数字化语言,与设计形态产生关联。与传统设计效率相比更加高效、迅速。设计师可以通过修改不同参数,得到视觉化的设计方案,可以根据不同的变量及时调节设计方案,使设计方案更加具有灵活性,并能在短时间内筛选出与环境、需求关联度更密切的作品,提高设计与生产效率,将设计过程可视化、方案可优化、虚拟现实化。

将数字化技术手段与新型材质相结合。利用犀牛、3D max 等软件建模;通过软件计算机程序和脚本语言编辑工具 Grasshopper,Rhino script 等,多领域、多平台协同合作,实现数字化语言更加直观的视觉感受。

(三)陈设产品的隐形化趋势

陈设设施是组成空间的重要元素之一,然而在传统陈设产品的建设中,景观与基础设施往往具有清晰的空间界限,更多的是一种"拼贴"的关系。但在乡村民宿的设计思维中,要使这种空间界限变得更加模糊。

陈设设施主张通过整合设计,在同一个层面实现基础设施功能、景观功能和附属功能的无缝衔接,最终构成三者在空间上相互交织、组合的统一整体,成为更能够满足民宿空间复杂功能需求,具有更高功能效率和公共活力的基础设施形式。丹麦建筑师扬·盖尔在《交往与空间》一书中鲜明地提出了柔性边界的理念,他认为柔性边界是一种过渡空间,起着承转衔接的作用,将此理论作用于陈设设施的形态设计之中,可以在不破坏设施的功能性基础之上,打破原有个体形态限制,实现令其与景观元素、功能要素、环境材料相互融合的整体设计模式。他致力于令设施消融于室内空间或周围的环境之中,以整体性作为设计的出发点。现代化设计有时为了强调设计主体的特点、风格等,会以过于标新立异的设计外形、图案、色彩来强调设计作品的独特性。陈设设施是民宿空间的重要物体,过于复杂、烦琐的设计不仅会让其与环境隔离,更不便于设计的批量化生产以及长期的维护。这就需要设计师具有更广泛性的学科知识,能搭建学科互构的设计模式,利用 RS、GIS、GPS 等空间信息与可视化技术进行场地数据分析,令材料、色彩等与设计有更好的融合,简化过多不必要的设计元素。

(四)陈设产品智能化的趋势

人们在物质生活水平提高后,对精神世界的需求必将随之提高。精神世界深层次的需求是人与所处世界的良好互动,因此让室内陈设品在使用时能够准确读懂使用者的真实需求至关重要。信息化、智能化技术为提升室内陈设艺术深度、满足使用者需求提供了强大的实现手段,其主要特征是强调"以人为本",注重将艺术设计、人性化设计和现代科技相结合。

中国是当今世界第一制造业大国,许多国内家居用品厂商已经成为世界首屈一指的大型国际化企业,为全球用户提供不同层次的产品和服务。近年来,为适应国内外对家居用品需求的变化,通过积极吸纳新型前沿信息化和智能化技术,这些企业积极转型,大力开展新技术新产品研发,相继成功推出了具有鲜明时代特征的新型智能化家居。随着先进程度越来越高,功能越来越多、越来越符合实际需求,人们也越来越接受智能化家居,这反过来也在推动相关产品的技术进步,这些都表明我国智能化家居市场逐步成熟。以2010年才成立的小米科技有限责任公司为例,它以手机产品入局并成功占据一席之地,深受年轻消费者的喜爱。通过产品和服务调研,该公司敏锐地意识到智能家居巨大的市场潜在需求,开始投入大量人力、物力和财力,完善团队,专门促推智能家居的开发销售,现已成为国内拥有最完整智能家居设备产业生态圈的研发、销售、服务型科技企业。其旗下产品品类齐全、型号众多,都可以通过其智能手机终端进行实时连接,并具有参数个性化定制的功能,易于构建独属个体的私人智能化空间环境。

通过智能化的设计,用户能实现对家中灯光、窗帘、音响、空调等设备的智能控制,通过智能感应光线、温度调节室内环境,方便实现电器、插座等的远程控制;通过在门窗等部位安装的入侵传感器,视频监控和人体红外、影像探测器,实时掌握家中状况;入侵监测系统能够与报警系统联动,并通过智能手机终端向业主提供详细信息;燃气、烟雾、浸水传感器检测到燃气泄漏、着火、漏水等危险情况会自动报警,并通过智能开关、阀门自动关闭气路、电路和水路;甚至还开发了智能服装搭配、人体温度监控、实时在线下单、花园自动喷淋、宠物定时投喂、空调地暖远程设定启闭等功能,通过物联网技术把智能化延伸到家居生活的每一个角落,营造一种科技融入生活的家庭氛围。

本着"以人为本"的设计理念,智能化家居可以用最简单的交互实现使用者想做的事,甚至提前预判并解决使用者忽略或者忘记的日常生活的各种问题,解放人们的手脚,节约大量时间,方便居家生活。随着技术的不断进步和产品的日益丰富,人们将能享受到越来越理想化的家居环境。

参考文献

[1] 李亮.软装陈设设计[M].南京:江苏科学技术出版社,2018.

[2] 理想·宅.软装设计师手册(修订版)[M].北京:北京化学工业出版社,2017.

[3] 刘雅培.软装陈设与室内设计[M].北京:清华大学出版社,2018.

[4] 李红松,廖丹.人文语境下的室内设计研究[M].北京:光明日报出版社,2017.

[5] 游娟,喻蓉,曹可阳,等.室内照明与陈设设计[M].武汉:华中科技大学出版社,2021.

[6] 韩露,胡强,李晓嵩.室内软装设计[M].江西:江西美术出版社,2018.

[7] 陈静.室内软装设计[M].重庆:重庆大学出版社,2015.

[8] 蔡小平.室内陈设设计[M].2版.武汉:华中科技大学出版社,2021.

[9] 瞿胜增,孙亚峰.室内陈设[M]..2版.南京:东南大学出版社,2018.

[10] 陈卉丽,胡泽华,易泱.家具与陈设设计[M].江西:江西美术出版社,2015.

[11] 吕从娜,李红阳.软装与陈设艺术设计[M].北京:清华大学出版社,2020.

[12] 理想·宅.设计必修课:室内家具陈设[M].北京:化学工业出版社,2019.

[13] 李萱.家居陈设设计研究[D],天津:河北工业大学,2015.

[14] 邱能捷.软装饰在室内空间环境设计中的应用研究[D].广州:广东工业大学,2017.

[15] 陈倩.家居软装陈列设计产业的价值与创新研究[D].天津:天津工业大学,2015.

[16] 邢文婷.软装艺术配饰在室内空间的应用研究[D].合肥:合肥工业大学,2013.

[17] 康淑颖.杭派茶馆室内设计的艺境研究[D].杭州:浙江农林大学,2015.

[18] 周熠.酒店室内陈设品的艺术特征分析及运用研究[D].成都:西南交通大学,2013.

[19] 王林然.室内陈设设计与市场化的研究[D].大连:大连工业大学,2010.

[20] 曹路.侘寂美学对现代室内设计的启示[J].大众文艺,2016(19):73.

[21] 贲琦.浅谈视觉语言在室内陈设设计中的应用[J].才智,2009(25):163-164.

[22] 杨邦胜设计集团.安吉悦榕庄度假酒店[J].建筑与文化,2020(4):30-33.

[23] 万和昊美艺术酒店.艺术与商业琴瑟和鸣[J].国家人文历史,2017(5):132-133.

[24] 程永琳.自然主义风格在现代室内设计中的运用研究[D].保定:河北大学,2020.